U0150651

南甜北咸

人间至味是清欢

高维生 著

团结出版社

图书在版编目（ＣＩＰ）数据

　　南甜北咸 : 人间至味是清欢 / 高维生著. -- 北京 :
团结出版社，2020.3
　　ISBN 978-7-5126-7396-0

　　Ⅰ．①南… Ⅱ．①高… Ⅲ．①饮食－文化－中国
Ⅳ．①TS971.2

　　中国版本图书馆CIP数据核字(2019)第211917号

出　版：团结出版社
　　　　（北京市东城区东皇城根南街84号　邮编：100006）
电　话：（010）65228880　65244790　（出版社）
　　　　（010）65238766　85113874　65133603（发行部）
　　　　（010）65133603（邮购）
网　址：http://www.tjpress.com
E-mail：zb65244790@vip.163.com
　　　　fx65133603@163.com（发行部邮购）
经　销：全国新华书店
印　装：三河市东方印刷有限公司

开　本：146mm×210mm　　32开
印　张：10.625
字　数：164千字
版　次：2020年3月　第1版
印　次：2020年3月　第1次印刷

书　号：978-7-5126-7396-0
定　价：38.00元

目录

从食物中提取历史的踪迹

高维生

二〇一九年五月十九日，我因为急性阑尾炎住进医院，需要手术治疗。医嘱不能吃任何食物，不能喝水。我躺在病床上，只有身下蓝色的床单给一点安慰。窗外三十六摄氏度高温，口腔长时间处于干渴状态，在初夏的日子，难以忍受，肚子里没有食物提出抗议。嘴里干涩，上下唇几乎贴在一起。我渴望水的滋润、一口食物的满足。邻床的家属出去买饭，回来时，拎着塑料袋和塑料盒，装着买回的饭菜。

几个小时前，医生一句话"打乱"正常生活，我和食物分为两大阵营。冷静下来，对人与食物的关系，有了更多思考。看着眼前盛食物的塑料袋，这是生活中离不开的东西。塑料袋以聚丙烯、聚酯、尼龙为原料，本身释放有害气体。特别熟食与之相遇，发生化学反应，伤害人的身体。塑料袋散落城市街道，也对大自然造成污染。塑料结构稳定，不容易被天然微生物降解。废塑料垃圾不回收，在环境中变成污染物，长期存在累积，对环境造成危害。塑料袋中的食物，让人填饱肚子，面对食品安全，人们未必考虑到这么多。

人每天吃喝，很少有人注意出现的各种事件。转基因食物，在没有彻底解决之前，另一种新型反季节食物，打破食物的生物链，打破自然规律。一年四季，不需要分清，传统的春天播种、秋天收获的概念被打破。春天的野菜，在严寒的日子，种在大棚中，在超市中能买到。不管什么季节，都可以吃到新鲜苞米。看了林区刺老芽的视频，提到刺嫩芽山野菜，本来不是大棚中栽种。可现在回东北，桌上出现的蘸酱菜，大多人工种植，与野生的差距大，营养也不会相同。山菜野味浓郁，离开大地，其本质发生变化。

食物的记忆，不是我们平常所理解，它沉积于人们身体深处。很多人对于吃，不知道食物从何而来，甚至不知道吃什么。野菜成为大棚中植物，吮吸化肥的滋养，改变生长规律，野性气脉清除得一干二净。诗意的大地消失，食物与人变成交易，不再和心依恋。

现在有水培技术，实用水床，家中的盆、缸和桶都能用上。反季刺嫩芽，如今离开大地，缺少一分情感。

"吃了吗？"这是人们见面打招呼的习惯，成为相见的仪式，一种文化模式。人类饮食不仅满足生物性需求这么简单，每一次品尝地域的食物，是在做田野调查。

一方面，食物有记忆，通过其形象、创制和味道，从中提取历史的踪迹。另一方面鉴赏，对菜的滋味如何，食物的品尝，唤起沉寂的记忆。人们品尝食物，被色彩和香味吸引，产生吃的欲望。大多限于味道，赞美厨师水平之高。从品到感受的过程，不仅身体的享受，它提出问题，即对食物进入深刻分析和追寻。

人的口味，并不是生下来从母亲身体中带来的生理现象。而是生活模式、地域环境，和个人经历有关，影响人的一生。

西南一带人喜欢麻辣，东北人的大酱，既美味，又是地域文化的代表。说起这些地方，人们不是谈什么名人，先从口入，说起特色食物，顺着这条线索，引出地域文化、历史事件。

我国许多食物具有吉祥如意的象征，过生日吃长寿面，结婚要有大枣和花生。新娘子吃水饺，旁边有人问："生吗？"新娘妇回答："生！"听到这句话，皆大欢喜。当下许多美食书，更多的是烹饪、营养和养生，或写成长中的记忆，很少有从文化与历史的视角，追寻食物的根源和发展。

人和食物随着社会发展，有了巨大变化。食材从哪里来，人们不关心了。对于食物的了解，很多人通过电视和宣传广告。人和食物分成两大板块，没有情感交流。人是消费者，走进超市和酒店，凭手中的钱，满足口腹之欲。有些食物从工业流水线上产生，厨师操作，端到面前，只需要拿起筷子，举起酒杯。对菜的鉴赏，停留在好吃与不好吃的浮浅层面。儒家经典《中庸》曰："人莫不饮食也，鲜能知味也。"人要吃喝，却少有人理解饮食的滋味。食物中凝集着不薄的历史文化，传承也有几百年。

而人类对自然的破坏，不是开着大型机器，开山破地，用现代化的工具，砍伐山林，毁坏生态平衡；就是漫山遍野的打猎，滥挖山野植物，为了满足自己口味。这也是一种破坏。

当食物离开生长环境，成为新鲜的事物，来到陌生的地方，尽管操作人员严格按照工序制作。故食材相同，流程相同，其味却无法原汁原味。移动性发生很大的变化，融入当地的习性。每一道菜有复杂背景，人与物的故事，相互之间的联系，投入情感，经历心理变化过程。

北方人喜爱大蒜，蒜几乎是餐桌上必不可少的食物。蒜是舶来品，原产地不在中国，自汉代张骞出使西域，带大蒜的种子回国，从此安家落户，至今两千多年的历史。大蒜是生活中不可缺少的调料，烹调鱼、肉和蔬菜，有除腥提味的作用，凉拌菜既可增味，又可杀菌。我来北碚不论在超市，还是菜市场，发现人们偏爱独头蒜。这种蒜北方少见，也没有吃过。平常吃的紫皮蒜与白皮蒜，紫皮蒜瓣少，而且个儿大，辛辣味浓。白皮蒜有大瓣，也有小瓣，辛辣味较淡。单位附近有一家饭店，中午不回家，便和两个同事小姑娘，穿戴时尚，桌前一坐，饭菜没有上，先喊一声："老板来几头蒜。"女同事美过容的指甲，精心扒着蒜皮，美甲撕扯下，跳出一瓣蒜。

在重庆饭店吃饭，很少见北方粗犷的吃法，它只能作为调料。独头蒜和其他蒜，无大的区别，只是蒜皮剥开，望着独头蒜，性格突出，"独"字说出与众不同。

人类学家将食物文化分为"内在意义"和"外在意义"，食物文化的风格形成，有它独特的因素。每一个地域的自然资源不同，有句老话说："靠山吃山，靠水吃水。"充分说明食物与资源的关系，唇齿相依，不可分割。

这本书写了近几年，是我走南去北来往于各地，品尝食物的同时，有对地域文化的思考。当把食物作为文化体系研究，摆脱品尝的层面，进入分类的解析，其意义大不相同。食物贮藏情感，彰显自己的个性，表现不同地域文化。越是普通的饭菜，越易在民间流传成为经典。满足口腹之欲，只是为了维持生命。从食物中品出滋味，寻根究底，探出文化的重要性才是初衷。

二〇一九年五月三十一日 于抱书斋

第一辑

食
味

地下雪梨

○三月十六日

北碚

红嘴绿鹦哥

○三月二十八日

北碚

萱草可忘忧

○六月二十四日

北碚

八月桂花香

○八月十六日

北碚

地下雪梨

　　三月北碚，经常遇见卖荸荠的商贩，一根竹棒，挑着两只竹筐。一只未扒皮的荸荠，另外装着扒皮荸荠。西南大学五号门口，有个妇女几乎每天坐在墙根，守着两筐荸荠。对面马路人来人往，车去车来，一派热闹情景。对于她似乎不相关，只是拿小刀，细心扒荸荠皮。

　　我去江边散步，走出五号门，每次都要多瞅几眼。那里的荸荠、芡实、茭白、莲藕、水芹、慈姑、莼菜和菱角，称为"江南水八仙"，在北方很少见到。

　　读汪曾祺小说《受戒》，有滋有味地写荸荠："秋天过去了，地净场光，荸荠的叶子枯了——荸荠笔直的小葱一样的圆叶子里是一格一格的，用手一掐，哔哔地响，小英子最爱掐着玩，——

荸荠藏在烂泥里。赤了脚，在凉浸浸滑溜溜的泥里踩着，——哎，一个硬疙瘩！伸手下去，一个红紫红紫的荸荠。"我迷恋汪曾祺的小说，偶然在杂志上读这篇小说。三十多年后，在当当邮购《汪曾祺小说全编》，重读《受戒》和二十多岁时读的味道不同，文字需要时间的窖酿，越长越有味。汪曾祺干净的文字，只要你的眼睛触碰，情感就会发生微妙变化。

荸荠，古称凫茈，有诸多的叫法。莎草科多年生草本植物，冬、春两季上市。荸荠在地下匍匐茎，呈扁圆球形，肉质为白色，脆嫩多汁。栗子熟后呈深栗壳色，恰同栗子，不仅形状、性味、成分和功能相似，泥里结果，又有地栗的名称。

南方人喜欢吃荸荠，西南大学杏园门口处，有两家水果店，它们都卖荸荠，女大学生们买得多，交完钱，拎着一袋荸荠，边走边吃。我从北方来，对既水果又蔬菜的荸荠，不知其味如何。荸荠有以上两种功能，兼具药用价值。唐代著名医家孟诜在《食疗本草》记载："荸荠，下丹石，消风毒，除胸中实热气。可作粉食。明耳目，止渴，消疸黄。"明代药物学家李时珍在《本草纲目》中指出："主消渴痹热，温中益气，下丹石，消风毒。

除胸中实热气。"

历史上传说，在一千多年前，南汉王刘铱的爱妾素馨不幸去世。南汉王极度伤悲，为了纪念自己的爱妾，将其葬在广州的泮塘花园。他下令墓地种荸荠、莲藕、茭瓜、菱角和素馨花，荸荠成为"泮塘五秀"之一。

我每天进出，都能碰上卖荸荠的商贩。高淳海说买些剁碎做馅儿，包水饺吃，味道不错。整个三月在创作中，写一部山东美食文化的书稿。我休息时，读周作人的散文集，荸荠与众不同，介于果、蔬之间，周作人《关于荸荠》写道：

荸荠自然最好是生吃，嫩的皮色黑中带红，漆器中有一种名叫荸荠红的颜色，正比得恰好。这种荸荠吃起来顶好，说它怎么甜并不见得，但自有特殊的质朴新鲜的味道，与浓厚的珍果正是别一路的。乡下有时也煮了吃，与竹叶和甘蔗的节同煮，给小孩吃了说可以清火，那汤甜美好吃。荸荠熟了只是容易剥皮，吃起来实在没有什么滋味了。用荸荠做菜做点心，凡是煮过了的，大抵都没有什么好吃，虽然切了片像藕片似的用糖醋渍了吃，还是没啥。

荸荠在江南是平常食物，它在泥水中生长，剥皮以后浑身雪白，无一点黑痕。吃起来爽口，并不特别甜。它自有清新味道，与别的果蔬不同，凸显个性风格。难怪周作人对这种平常食物，有这么深刻记忆。

三月的一天，下午清闲，我再次去老舍故居。走出西南大学一号门，向右拐去，过地下通道，在水泥台阶上，看到一中年男人，守着两竹筐荸荠。一只筐中已经剥皮的雪白的荸荠醒目。停下奔走脚步，问多少钱一斤，问好价钱，买下两斤。我望着塑料袋中的荸荠，犹豫一下，拿出咬一口，口感松脆，甘甜多汁。

那是我第一次买荸荠。荸荠，南方称为"地下雪梨"，北方人视之为"江南人参"，实为大众喜爱的时令品。

蚕老枇杷黄

半山坡上有一座风雨亭，下面流淌马鞍溪。从亭子的名字，知道它的用处，供过往行人休息，躲避风雨。

风雨亭曲尺形的形态，顶盖"人"字结构，梁柱木造结构，几根垂直立柱，上端两根横梁和两根横枋互相架构，表现淳朴自然。

每次去马鞍溪，走下长台阶，来到丁字路口，往左走一段下坡路，马鞍溪两边杂草多，许多人开垦的荒地，种植蔬菜，山腰有一处石头房子。我刚来北碚和高淳海闲逛，来过这个地方。往右拐小弯，青石板小路，向前是一座小石桥，路边长着八角金盘。

风雨亭来的人不多，平时安静，各种树木围合，亭前面积不大的空地上，中间长一棵黄桷树。周边几棵桂花，还有一些枇杷树。每天跑步结束，来亭里小坐，喜欢这里的幽致，林木仙葩，鸟声叫林，涤除俗气，心闲事亦稀。

枇杷远在两千多年前的汉代，已成为园林中常见的果木。西汉学者刘歆在《西京杂记》中记载，汉武帝重修上林苑，各地献来许多芳果异树，从江南移植来十株枇杷树。古人对枇杷分外喜爱，其柔软多汁，果味甘美。四川的枇杷，早在唐初已成为贡品，唐太宗李世民在《枇杷帖》中便写道："使至，得所进枇杷子，良深慰悦。嘉果珍味，独冠时新。但川路既遥，无劳更送。"皇帝说枇杷"独冠时新"，耗费大量的人力、物力，与民众无好处，婉拒当地官员进贡的心意。

明代医家卢之颐《本草乘雅半偈》所述枇杷的特征，"木高丈许，四时不凋，肥枝长叶，阴密青整，叶底白毛如茸，盛冬作花白色，仲夏缀实如弹。" 文学家徐珂《清稗类钞》中，记述详细："枇杷为常绿亚乔木，高二丈余，叶长椭圆形，锯齿甚细，互生，背有褐色毛，甚密。冬开小花，色白五瓣。夏初实熟，形圆色黄，皮有细毛，皮肉淡黄色。" 明末画家文震亨《长物志》中讲述："枇杷独核者佳，株叶皆可爱，一名款冬花，荐之果食，色如黄金，味绝美。" 上品枇杷无核者，产量少，一般不容易尝到。清人高士奇《北墅抱瓮录》中认为枇杷的个性"贯霜雪而愈茂，秋萌冬花，春实夏熟，备四时之气"。称百果中没有能与它相比的珍贵之物。

有一年，北方冬天寒冷，我不小心感冒，然后咳嗽。去医院看病，医生开了一堆药，其中有"川贝枇杷膏"，棕色半流体，气香味甜。明代药学家李时珍在《本草纲目》中记述，枇杷的花、叶和果仁均可入药，具有"止渴下气""肺热咳嗽"的功效。

枇杷原产于我国东南部，叶子和乐器琵琶相似得名。枇杷与大部分果树不同，在秋天或初冬开花，果子在春天至初夏成熟，比很多水果早，人们称其为 "果木中独备四时之气者"。枇杷的花为白色，或淡黄色，可作为蜜源料。

我去金刀峡游玩，自然的峡谷风景，地势雄伟，怪岩奇峰，山峡间幽深。栈道下溪流潺湲，水清翠绿，发出响声。栈道随峡崖而行，有一段路需要戴安全帽，免得碰着头。有几棵枇杷树生长在溪边，它和马鞍溪边的枇杷树大小差不多。

有一次散步回来，下起雨。出门没有带雨伞，紧走几步，躲进风雨亭避雨。坐在亭中，看着枇杷树，雨中飘来桂花香，听雨打蝴蝶瓦，节奏轻缓，韵律鲜明。那天在风雨亭中坐了很久，直到雨停为止。

枇杷树在南方，不算珍贵树种，北方超市中也有卖枇杷果子。其酸甜多汁，肉质细腻，别有一番滋味。

红嘴绿鹦哥

妻子上班出门前，又一次叮嘱，中午菠菜拌成凉菜，要不坏掉了。自从几年前单位体检后，报告上标出尿酸高，就没有吃过一口菠菜。

原来喜欢粉皮拌菠菜；下面条时，放几片菠菜叶；挤出的汁和面，包出一个个绿饺子，诱人食欲。早市看见新摘的菠菜，水灵灵的，民间称为"红嘴绿鹦哥"。由于身体的原因，几年来，断绝吃这种菜。家中很少买，即使买了，也是妻子自己享受。

二〇一八年三月，读汪曾祺画传，看过他的照片，穿着带有图案的围裙，站在案子前，上面七八个碗里堆着各种原材料。汪先生手中端瓷盘，神态自如，安闲若素，脸上带着微笑，他和王世襄、范用在一次家庭聚会上留影。有一个时期，京中几位朋友，隔段时间聚一次，自带菜的原料展示手艺。从照片看，如汪先生所说"从容不迫，若无其事"。

家常酒菜，一个家常，深藏不薄的道理。汪曾祺解释为，"一要有点新意，二要省钱，三要省事。"他说得有道理，家中来客人是高兴事，主人盛情款待。要下厨房，忙着做菜，打理备好食材。切葱姜入盘，调兑作料，手下忙碌，嘴上不能闲住，和客人聊天。汪曾祺认为，这是待客态度，必须"显得从容不迫，若无其事，方有意思"。主人因为手忙脚乱，脸上表情严肃，客人察言观色，坐立不安，酒喝起来没有意思。

拌菠菜下酒，也是汪曾祺的拿手菜，是老北京的大酒缸最便宜的酒菜。菠菜开水焯熟，切为一寸大小段，浇上一勺芝麻酱、蒜汁，或芥末。一九四八年以前，拌菠菜三分钱一碟，现在北京的大酒缸已消失不见。

汪曾祺做的拌菠菜讲究粗菜细做。菠菜洗净，除掉根，焯至八成熟。捞出过凉水，加入少许盐，剁成菜泥，挤去菜中汤汁，盘中堆成宝塔状。切一些香干，为小粒块，泡好虾米，再切姜末、青蒜末为配料。调好作料，酱油、香醋和小磨香油，在小碗中兑调。菠菜上桌，当着客人面，调料自塔顶淋下，产生视觉冲击，调出味口。吃时筷子推倒菠菜宝塔，作料拌匀。汪曾祺向几个人推荐此菜，"这样做的拌菠菜比北京用芝麻酱拌的要好吃得多。这道菜已经在北京的几位作家中推广，凡试做者，无不成功"。

拌菠菜不是汪曾祺所创，他学习家乡拌枸杞头、荠菜的办法，只能称为搬移法。菠菜是两千多年前波斯人种的菜蔬，也叫做波斯草，古代阿拉伯人称之为"蔬菜之王"。唐代贞观二十一年，尼泊尔国王那拉提波把菠菜作为礼物，派使臣送到长安献给唐皇，从此开始，我国出现栽培菠菜。

菠菜有很多别名，其中别名红根菜，取其根的颜色命名，又叫鹦鹉菜。《本草纲目》中认为食用菠菜"通血脉，开胸膈，下气调中，止渴润燥"。

汪曾祺和菠菜一直有牵连，不仅会做这菜，也在不同地点、不同时代，吃过不一样风味的菠菜。

菠菜炒粉条有了"炒和菜盖被窝"的名字，细回味有些意思，过后永远不会忘记。尽管不是珍贵菜，平常大众菜，但每个特殊环境下，又是名望很大的人吃，菜就有了回味。人民艺术家、山药蛋派代表人物赵树理，常吃这道菜，汪曾祺写过回忆文章：

　　他吃得很随便。家眷未到之前，他每天出去"打游击"。他总是吃最小的饭馆。霞公府（他在霞公府市文联宿舍住了几年）附近有几家小饭馆，树理同志是常客。这种小饭馆只有几个菜。最贵的菜是小碗坛子肉，最便宜的菜是"炒和菜盖被窝"——菠菜炒粉条，上面盖一层薄薄的摊鸡蛋。树理同志常吃的菜便是"炒和菜盖被窝"。他工作得很晚，每天十点多钟要出去吃夜宵。和霞公府相平行的一个胡同里有一溜卖夜宵的摊子。树理同志往长板凳上一坐，要一碗馄饨，两个烧饼夹猪头肉，喝二两酒，自得其乐。

　　喝了酒，不即回宿舍，坐在传达室，用两个指头当鼓箭，在一张三屉桌子打鼓。他打的是上党梆子的鼓。上党梆子的锣经和京剧不一样，很特别。如果有外人来，看到一个长长脸的中年人，在那里如醉如痴地打鼓，绝不会想到这就是作家赵树理。

　　一道普通菜与名人牵连，遂有了文化的叙事。记忆散发的味道，引起寻找的记忆。这句话，说出美食和记忆的关系。

大拉皮都是平常食材，做出的味道逗人食欲。黄瓜、圆葱、胡萝卜和干豆腐切丝。里脊肉是菜中贵重物，切成丝，料酒、水淀粉与胡椒粉拌匀，放油烧热下肉丝，生抽煸熟。这些都是配菜，主角拉皮。

拉皮拌菠菜，是下酒菜，拌得好吃，不是什么人都能做到的。

过去吃拉皮，大都自己动手做，看似简单的操作，做起来不易。拌菠菜可荤拌，即有里脊丝，素拌全是蔬菜。土豆淀粉和清水按比例配好，入一点盐，搅成淀粉稀浆。做拉皮的工具旋子，家中如果没有，可用平底铝盆。铝盆坐在沸水上，舀一大勺淀粉浆投入盆中，捏住盆边，顺势用力一转，盆在水中快速旋转。浆流动时，摊得厚薄均匀，粉浆凝固成形。然后捞出铝盆，放进冷水盆中，顺着盆子的边缘划过一圈，拉皮就此揭下来。

二十世纪七十年代，家中很少有钱买淀粉，大多是自己家里做。母亲每次做土豆，切好的土豆放在盆中浸泡。水中沉淀很多的粉面子，捞出来不是倒掉，而是放在盖帘子上，拿到有阳光的地方晾晒。时间长了，积攒许多的粉面子。

家里没有细箩，母亲上邻居家借。箩有小盆那么大，薄竹皮圈起来，粉面子放进去，两手晃动。箩上留下粗渣子，筛下细粉面，是做拉皮的上等材料。来到山东后，我学着母亲的操作方法，做了几次拉皮均未成功，从此打消念头。每次想大拉皮，就到菜市场买粉皮，做出形似，但内容相差甚远。不是多放肉丝，多放香油，就能弥补味道。

有一次请报社同事到家中吃饭，做一盘粉皮拌菠菜。自己不会做拉皮，只能在菜市场买粉皮替代。同事都是本地人，吃东北菜，感觉风味独特，对我的手艺赞不绝口，弄得不好意思。如果他们吃过东北拉皮，再品尝我拌的粉皮，心情会怎么样呢？

十一点钟，遵妻子安排，洗净菠菜开水焯好。按照汪曾祺的做法，在盘中堆成宝塔形，上面浇陈醋、芥末油，撒十三香和辣椒粉。锅中烧油，炸一点花椒油，热油从塔尖浇下。听得油和菜交融，发出"吱吱"声响，香气升腾。

萱草可忘忧

今年夏天特别热，气温达三十八度，日头毒辣令人生畏。泡一壶茶，读张潮《幽梦影》，其中一则写黄花菜："当为花中之萱草，毋为鸟中之杜鹃。"大热天读书，一卷在手，借朴素文字，清除烧灼。张潮这位古人，通过普通山野菜，道出沉重话题，心中生出感知。

黄花菜柠檬色的花蕾，外国人称为柠檬萱草。黄花菜有多种称谓，属于百合科，多年生的草本植物，根茎肉质，叶狭长，细枝顶端开出橘红色或橘黄色的花，花蕾被人们叫做金针，可供人食用。我国北方说法："头伏饺子，二伏面，三伏烙饼卷鸡蛋。"伏天多吃面食，其中打卤面的卤汁，就有黄花菜，北京人叫黄花。

小时候去姥姥家，后面的山坡上，走出去不远，就能发现生长的黄花菜。每年六月开，喇叭样儿形状，单片叶，色浅黄，内有柱状花蕊。主茎的花儿大，次茎上的花儿小。

每逢开花季节，山坡上黄绿相间，构成天然图案。姥姥常在太阳出来时，挎土篮子，沿着一条小路，往后山坡上登，采摘黄花菜。我坐在窗前，望着姥姥的背影，一点点走向山顶，淹没在绿色的林木中，只能听清传来鸟儿啼叫。

摘下黄花菜，除掉花蕊和根部小硬块，这个部位口感差，影响菜的美味。采回来的鲜黄花菜，开水焯熟，冷水浸泡半天食用。过水后的黄花儿，摊在阳光下，经过风吹和暴晒变成黄花干儿，便于贮藏。"再磨蹭，黄花菜都凉了。"东北人都会说这句俏皮话，意思说行动迟缓，做事拖拉，人们着急时的口头禅。新采鲜黄花菜，含有秋水仙碱成分，形成毒物质，对身体有一定影响。黄花菜趁热吃，口感最佳，营养容易吸收。

康乃馨作为母爱的象征，在它之前，萱草被称作母亲花。萱草有几千年栽培历史，萱草又名谖草，为忘却的意思。我国第一部诗歌总集《诗经》中记载，古代有位妇人因丈夫远征，遂在家栽种萱草，借以解愁忘忧，从此世人称之为忘忧草。朱熹对此野菜曰："谖草，令人忘忧；背，北堂也。"北堂在古时，它是代表母亲的意思，当游子远行，在北堂种下萱草，以减轻母亲对孩子思念，忘却烦忧。黄花菜有另外的名字，忘忧草。历代文人将此物，经常作为吟咏题材，陶潜饮酒诗："泛此忘忧物，远我遗世情。"唐朝诗人孟郊《游子诗》写道："萱草生堂阶，游子行天涯。慈母倚堂门，不见萱草花。"白居易对黄花菜情有所钟，他写出："杜康能散闷，萱草可忘忧。"这么平凡的野菜，荣了又枯，枯了又荣，它在山野中平常不过，没有突出的地方。而引来众多人的注意，可见萱草具有重要的意义。

晋代周处所作的地方风物志《风土记》所载："'萱'花曰宜男，妊妇佩之，必生男。"古时以其嫩芽叶供食，宋朝以前就有萱草记录，大都属意忘忧、宜男。

萱草可入药，又可做菜肴。"四物汤"孙中山先生作为健身食疗，其中有黄花菜、黑木耳、豆腐、豆芽。汤营养成分丰富，具有补血、养血、美容的作用，又是素食中之珍肴。中外学者研究发现，黄花菜具有药用价值，日本学者亦将黄花菜称为健脑菜。中国《营养学报》评价黄花菜，具有降低胆固醇的作用。

二十世纪八十年代初，我上学的校门口，有一处卖豆腐脑小摊，胡子花白的老头，扎一条白围裙，话语很少，对顾客只是微笑。他做的豆腐脑，卤汁黄花菜、肉末，加点木耳和鲜葱，黄、绿、黑三色搭配，赏心悦目，诱人食欲。一碗卖两毛钱，我兜里有钱，总去吃豆腐脑。

黄花菜山野菜，能做出许多诱人小菜，茄子炝黄花儿、黄瓜炝黄花儿、尖椒炒黄花儿、鸡蛋炒黄花儿、韭菜炒黄花儿、圆葱炒黄花儿、蒜苗炒黄花儿、木耳猪肉炒黄花诸多菜品，任意配菜，有别样的风味。

张潮的文字，闷热中的清凉散，把我带进记忆中。回味豆腐脑浇的黄花菜卤汁，想起姥姥挎土篮子上山采摘的情景。每年春节前，家乡亲人寄土特产，木耳、蘑菇和黄花菜。我泡发黄花菜，拿它和鸡蛋炸酱，做出来味道独特，不可言说。

南方人参绞股蓝

前两天，中午做饭，我切菜不时向窗外观望。一心二用，不小心割破手指，血流出来。找出最后一个创可贴，缠住止血。一场虚惊，弄得情绪低落，做事不能分心。

吃完午饭，我去药店买创可贴，这种东西不大，家中必备。每天做家务，说不定什么时候碰坏皮肤。药房在路口边，走进药房，服务员迎上来，询问买什么药，她的重庆话，有些听不懂。我们语言沟通不顺畅，向货架上观看，被绞股蓝茶吸引住。我充满疑问，往前走几步，看那几个字，怕看错了似的。服务员以为我买绞股蓝茶，改说普通话，介绍茶的优点。

在此遇上绞股蓝茶，这是未曾想过的事情，也不知道它能做茶。自从手机安上形色软件，方便很多，不论走哪里，见陌生的植物，不需要问别人。公寓前的草地有绞股蓝，长在栾树周围，面积不大。

绞股蓝，草质攀缘植物，喜欢阴湿的气候，生长于树木下、水边荫蔽处。嘉陵江边的山坡上，有大片绞股蓝。对于绞股蓝的生长习性不了解，想过它能做茶，呼为"南方人参"。绞股蓝药用价值较高，称为"不老长寿药草"。

绞股蓝茶，古老的中草药茶，采嫩芽和龙须。茶汤碧绿，略有清香的微苦，入口回甘。民间谚语说："北有长白参，南有绞股蓝。"这句话说明，民间认为，绞股蓝与人参在一定程度上功效类似，入红糖水煎服，抗疲劳，促睡眠，增加记忆力。

朱橚是明太祖第五子，他所编写的《救荒本草》说道："绞股蓝，生田野中，延蔓而生，叶似小蓝叶，短小较薄，边有锯齿，又似痢见草，叶亦软，淡绿，七叶攒生一处，开小花，黄色，亦有开白花者，结子如豌豆大，生则青色，熟则紫黑色，叶味甜。"朱橚考证野生植物，附绘图说明，以备荒年充饥所用，对于食疗与营养学贡献较大。"南方人参"绞股蓝，首次记录于书中。明代徐光启《农政全书》《救荒本草》篇中说，采来的叶子炸熟，水泡除味，清洗过后，油盐调拌即食。清代吴其濬《植物名实图考》，也将其收入。绞股蓝为民间常用草药，明代药学家李时珍《本草纲目》对绞股蓝有记载。喝绞股蓝泡的水，对治疗咽喉炎和气管炎以及偏头痛有一定作用。

去嘉陵江边散步，注视江水流淌，铁壳船拉着建筑材料行走水上，不时拉响笛声。摘下绞股蓝叶子，闻着清香，叶子浮着水露，接触皮肤凉沁的感觉。正码头附近，岸边停靠几只带篷的铁壳船，上面标有编号。船主拎着一条大鲤鱼，在空中摆动，草绳穿过鱼脊硬棘。他和戴眼镜的中年人做交易，谈妥价格，拿出老式杆秤，砣在秤杆上移动，忽高忽低，船主的手移秤砣，保持平秤。他报出鱼的重量，五斤六两。

绞股蓝喜欢山间林下、阴湿有乱石环境，所以江边长得面积大，而且茂盛。人工种植的入口苦涩，野生的先苦后甜。

喝茶讲究闲情，按照周作人所说："喝茶当于瓦屋纸窗之下，清泉绿茶，用素雅的陶瓷茶具，同二三人共饮，得半日之闲，可抵十年的尘梦。"城市里难以找到瓦屋纸窗，水泥楼里喝茶，确实少点情调，不能"抵十年的尘梦"，但可消除杂念。

临坐窗前，眺望浓雾围裹缙云山，山轮廓看不见，眼睛中挤满雾。泡一杯绞股蓝茶，抵不了"十年的尘梦"，也能带来情调。这是高淳海在药店买药，碰上搞活动，赠送的一盒绞股蓝茶。

八月桂花香

吃过晚饭，沿着华云路散步，对周围的环境不熟，分不清东南西北，凭着小区门前的酒店大楼为坐标，记好门牌号，一直向前走去。

经过区政府广场，路边的草坪上，有在北碚生活过的名人像，黄炎培、郭沫若、老舍、梁漱溟、卢作孚、王朴诸人。他们站在那里，观望车来人往的闹市，历史在这里拉开长卷。

梁漱溟塑像边上，种有一排桂花，空气中弥漫花香。桂花因为叶子似圭，而称桂，树的纹理犀角一样，又叫木樨。桂树清新雅致，香飘四溢，谓之为仙友、仙树、花中月老。称仕途得意、学业有成为折桂，桂花象征友好、吉祥和光荣。战国时期，燕、韩两国为了表示友好馈送桂花。少数民族地区，青年男女相送桂花表达情感。桂冠原意指月桂树叶编织的叶帽，时间久了，成为光荣称号的象征。

春秋战国时期《山海经·西山经》记载："西南三百八十里，曰皋涂之山。蔷水出焉，西流注于诸资之水。涂水出焉，南流注于集获之水。其阳多丹粟，其阴多银、黄金，其上多桂木。"屈原的《九歌》有"援北斗兮酌桂浆，辛夷车兮结桂旗"。唐代冯贽《南部烟花记》记录，陈后主为爱妃张丽华在庭院建造桂宫，并植一棵桂花树，树下放药杵臼，让爱妃养一只白兔，玩耍此间，所以称谓月宫。从记载中看出，人们对月亮的认同，当作有嫦娥、桂树、玉兔生活的月宫。

汉晋以后，桂花与月亮联系在一起，有许多的传说，在百姓中流传较广的吴刚伐桂。相传，月亮上广寒宫前的桂树，生长繁茂，有五百多丈高，下边有一个人砍伐，每次砍下去，砍的地方立即合拢。几千年来，就这样随砍随合，这棵桂树永远不能被砍倒。据说砍树人名叫吴刚，是汉朝西河人，曾跟随仙人修道，到了天界，因犯错误，被仙人贬谪月宫，日日做徒劳无功的苦差事，以示惩处。

吴刚每天不辞劳苦地伐树，桂树生命力旺盛，临近中秋时节，花香弥漫空中。每年中秋，吴刚才在树下休息，与人间的百姓过团圆佳节。

白居易曾为杭州、苏州刺史，因病卸任回洛阳，十多年后，写下《忆江南三首》，回忆杭州的生活，依然无法忘记："江南忆，最忆是杭州。山寺月中寻桂子，郡亭枕上看潮头。何日更重游？"桂树和山寺，成为诗人在杭州最为美好记忆。

古人眼中桂花是珍贵的树，它的种子如此稀奇。桂花树分为雌雄异株，雌株上才能结种，人们喜爱雄株的高大，却很难看到紫黑色的种子。

桂树与科举的联系，来自于西晋郗诜的"犹桂林之一枝，昆山之片玉"。抱着谦逊的态度，称自己就像广寒宫中的一枝桂、昆仑山上的一片玉，谓己只是群才之一。古代乡试、会试农历八月举行，正是桂花盛开季节，唐代以降的文人折桂表示"登科及第"，他们被称为"桂客""桂枝郎"。林洪在《山家清供》中记载，每当考试之年，应试者及其亲友用桂花、米粉蒸成糕，谓之广寒糕，相互赠送，取广寒高中之意，就是桂花糕。

采桂英，去青蒂，洒以甘草水，和米舂粉，炊作糕。大比岁，士友咸作饼子相馈，取"广寒高甲"之谶。又有采花略蒸，曝干作香者，吟边酒里，以古鼎燃之，尤有清意。童用师禹诗云，"胆瓶清气撩诗兴，甘鼎余葩晕酒香"，可谓此花之趣也。

糕点受大家欢迎，主要还是因"蟾宫折桂"的含义，每一次科考，改变人生，是一个个转折点。关键图个好兆头，寄寓人们的美好祝愿。每当考试之年，应试者的亲友送广寒糕，取广寒高中之意。桂花为福树，只要和它有联系，似乎就是吉祥的好东西，桂堂指华美的堂屋，桂殿泛指寺观殿宇的美称。子孙仕途兴旺发达，尊贵与荣耀的人为"兰桂齐芳"。

唐宋以后，桂花广植于庭园中，作为观赏花木。初唐时期的诗人宋之问的《灵隐寺》，诗中写出名句"桂子月中落，天香云外飘"。后人借此佳句，亦称桂花为"天香"。诗人李白《咏桂》则曰：

安知南山桂，绿叶垂芳根。

清阴亦可托，何惜树君园。

诗人把桂花树种在园中，经常地观赏，又可不断自勉。宋代女诗人李清照写过一首《鹧鸪天·桂花》，其词云：

暗淡轻黄体性柔，情疏迹远只香留。何须浅碧深红色，自是花中第一流。梅定妒，菊应羞，画阑开处冠中秋。骚人可煞无情思，何事当年不见收。

建中靖国（1101 年）之后，李清照和丈夫赵明诚，两人居于青州写下此词。北宋末年李清照的公公赵挺之死后，她随丈夫退隐乡下。他们在读书中，忘记一切烦恼，沉醉于艺术享受中。

晚饭后散步的人多，有人牵着小狗，狗儿撒欢儿向前跑，拉直主人手中的绳子。一路听着重庆话，人们的交流，听不懂，这是极大难题。回到住处不久，雨又下起来。雨声从窗口，一层层卷涌进来，屋子里装满雨声。我在台灯下读书，从济南遥墙机场"中信书店"购买史景迁的《改变中国》，他的书差不多收全。手术后的眼睛不听使唤，字看上去模糊，无奈只好合上书。关上灯，在黑暗中听雨。

什么不想，只有一个念头，耳朵变得机敏。我捕捉雨滴的碰撞声，马路上行驶的汽车，割断滴落的雨声。车子一过，它们很快衔接上，恢复节奏。雨是一次生命的辉煌过程，一路绝唱从天空落下，融入大地泥土中。从天上到地下，两种不同境界，反差强烈，有了不一样的意义。

夜向远处走去，桂花香随着湿气流进屋子，睡意和雨声纠缠，将我推向睡眠之中。听了多久的雨，进入睡梦中记不清。半夜醒来，窗外雨声变大，声音急促，似乎奔跑得太久，感到有些疲惫。清脆雨声，带着凉意穿越水泥墙壁，渗进屋子各个角落。我懒得拿手机看一眼几点，雨一滴滴落在耳中，它在追赶睡意。我想摘一串雨声，看它有多大的激情，告诉夜已深。我躺在床上，听窗外的雨声，重庆的雨能下多久。

永川秀芽

　　早饭后，窗外大雾不散，灰蒙蒙的天空，弄得情绪不高。坐在窗前，目光穿越两楼中空间，向缙云山眺望，什么都看不清，一片云雾笼罩。

　　我客居的斗室，身边是一张床，床头柜和床头堆的书，笔记本电脑，一盏台灯，空间逼仄，没有多余东西。二〇一五年一月二日，从山东带来的"日照绿"，喝得所剩不多。思家情油然生长，每喝一口，加重回家的心切。泡了一杯"永川秀芽"，看着清新的茶汤，茶叶上下翻滚，香气弥漫空中。

　　喝茶需要心境，安心静气，饮一口在舌尖回味，生出许多滋味。这么多年，我偏爱绿茶，淡淡的香气，不浓烈，不火爆，意蕴绵长。香气缭绕，随着水湿渗入记忆中。每次高淳海放假，带回"西农绿茶"，有一段时间，每天用黄河水，泡着重庆产的绿茶。一南一北融合，塑造出美好时光，贮藏情感之中。

来重庆后，茶叶筒换几个，现在使用竹茶叶筒，这个笨重的家伙，拴住我的心。眼瞅着茶叶见底，昨天元旦，高淳海从街里买回"永川秀芽"。淡绿色的包装，溪水、茶农、大山，构成古朴的田园画面，与绿茶的风格相匹配。我打开袋子，闻着扑鼻清香，送来山野气息。

不是一包茶叶，我不会知道永川。它在重庆的西部，"城区三河汇碧、形如篆文'永'字"，诸葛亮赐名"箕山"，号称"天下第一隐山"的地方，位于永川区城以北两公里处，拥有大面积的茶园与竹海。独特的地理环境，形成茶竹相依的自然景观。永川位于长江上游北岸，在重庆西部，厚重的人文历史。使它在西南有重要的意义，自古以来为川东南和渝西地区重要的交通枢纽。

绿色的茶汤，每一个水分子中，深藏自然气息，也有人文积淀。人与自然和谐相处，品茶不仅解渴，又能养生，品中修身养性，咂摸人文历史。茶是博大的，一片叶子生长山野中，

凭着坚韧性格，在高处忍受清寒寂寞，不同流合污，品性清高，
也是世人追求的境界。

品各个地方的茶，从茶的名字寻找根源。茶是地缘文化塑
造的精灵，当它相遇水，看似普通的叶子，爆发出的激情，将
无味无色的水，燃烧成绿色的火焰。

客居异乡的日子，一杯绿茶，一本书，伴我度很多时间。
有茶相陪，不会感受寂寞。顺着茶香气，走进它的历史中，寻
找大起大落的故事。地点不同，天气的状况，品茶人的心情不
可能相似。

二〇一五年一月二日，我独自坐在窗前，品"永川秀芽"。
手机跳出一条短信，天气预报，北碚黄色预警信号，将出现小
于三千米的霾。我端起茶杯，透过茶汤，注视灰色的天空。

蕃茂争新春

　　紫红的钟状花萼，叶片卵形，或长椭圆形。五月初，当我在杂草丛中发现这种花，观察半天，一片叶子，一条茎脉，就是不知此花名字。

　　打开电脑文件夹，找出常见植物图片和文字说明，看到地黄图片，它和大堤上遇见的花一样。原来是地黄，有名的一味中药。我有一段时间眩晕耳鸣，怕见光，遇风流泪。不得已停下来，摘下眼镜，擦干流出的眼泪。中医让经常吃六味地黄丸、杞菊地黄丸。两味药中都有地黄，不起眼的野生植物，有着这么大的作用。

　　地黄生长于红土和黄土地，喜光照充足，适宜山坡及路旁荒地，不近林子的边上，或与高秆植物间作。它是多年生草本植物,其块根为黄白色,所以得名地黄。鲜地黄、干地黄与熟地黄,经过加工以后,药性和功效差异较大,按照《中华本草》功效分类,鲜地黄为清热凉血药,熟地黄则为补益药。

地黄四大怀药之一,从周朝开始,被历代列为皇封贡品。唐宋时代,经丝绸之路传入亚欧各国,明代郑和带怀药入东南亚、中东许多国家。在魏晋时期,求仙问道的人们,重视地黄滋补之效,它与玄参、当归、羌活称为"四大仙药"。

我打电话询问东北老岳父,今年八十多岁,一九五○年从北山学校毕业,去朝阳川舅舅的"复兴祥"药店学徒,一九五三年,回到延吉后,进入延吉市中医院坐诊。岳父年轻时拉药匣子,每天和草药打交道,熟悉各种药味,做过几年药剂师,也上山里采过药。我问地黄的情况,他说东北很少有,地黄不仅可做中药,还能做药膳。这条信息,让我有了新的看法,吃药看过说明上有此药,不知道还能作为食物。

北宋文学家苏轼,他对中药颇有研究,这和经历相关。他诗文书画居重要地位,步入仕途后,生活动荡不定,遭十年贬谪,遍尝人生艰难困苦。

苏轼对食物养生感兴趣，写下《服生姜法》《服地黄法》，咏过枸杞、人参、甘菊、地黄和薏苡。他对地黄特别重视，东京对岸的怀州武陟县，是荡舟游历的地方。对武陟药材熟悉，为苏轼研究地黄提供了素材，他在《小圃五咏·地黄》中写道：

地黄饷老马，可使光鉴人。

吾闻乐天语，喻马施之身。

我衰正伏枥，垂耳气不振。

移栽附沃壤，蕃茂争新春。

沉水得稚根，重汤养陈薪。

投以东阿清，和以北海醇。

崖蜜助甘冷，山姜发芳辛。

融为寒食饧，咽作瑞露珍。

丹田自宿火，渴肺还生津。

愿饷内热子，一洗胸中尘。

苏东坡谪居岭南后，受当地文人墨客的拥护爱戴，县令翟东玉和苏东坡有过交往。有一天，他收到了一封书信，苏东坡说："草药之中最滋养者，莫过于地黄，若用来饲喂老马，可以令其返老还童，化为马驹，白居易有诗论及此事。我今血气衰竭，一如老马，愿讨地黄为食。"在岭南诸县中，只有翟东玉的朋友，在其药圃种地黄。苏东坡写信给翟东玉，就是想讨这味草药。

南宋诗人陆游所写的《钗头凤·红酥手》，描写诗人的爱情悲剧。南渡后，主张抗金受主和派排挤，从此不在朝中做官。一生伟大的愿望难以实现，却活到八十六岁。

陆游是美食家，深刻了解中医养生，对地黄有感情。他有一首《梦有馌地黄者味甘如蜜戏作数语记之》，写梦见地黄自己舍不得吃，却要留给客人。来者也是明白人，吃地黄不觉味苦，夸赞味甜如蜜。朋友送来珍贵地黄，打开盒子充满惊奇，来不及炮制，迫不及待拿起来品味。地黄的药香透昆仑，液生瑶池，药味甜如糖。孩子们高兴地说陆游，你雪白下巴，现在生出黑须。老毛病已经不见了，丢掉拐杖，大步往前奔。清晨一阵鸡叫声，将梦惊醒，齿颊间存留甘甜的滋味。山中的朋友们，多采地黄吃，何必去求金芝。

一九八五年版我国药典成方制剂中，近四分之一药中使用地黄，说明它在药物中的重要作用。明代医药学家倪朱谟《本草汇言》记载："生地，为补肾要药，益阴上品，故凉血补血有功，血得补，则筋受荣，肾得之而骨强力壮。"地黄为玄参科多年生草本植物，秋季采挖，除去芦头，清理净须根的泥沙，可以鲜用，习称鲜地黄，以粗壮、色红黄者为佳。也可烘焙八成干，被称为生地黄、干地黄。

地黄不仅是药，早在一千多年前，百姓将地黄作为食物，腌制成咸菜，泡酒和泡茶，现今仍把地黄切丝凉拌，或煮粥而食。

民间用地黄配各种食物，制作滋补养生保健的食品，地黄粥类、地黄点心、地黄肴馔，品种繁多，白居易对地黄的养生功效更是认可。他在《春寒》中写道：

今朝春气寒，自问何所欲。

苏暖薤白酒，乳和地黄粥。

地黄粥为人们所称道，查阅诸多的资料，一下午沉浸地黄中，野生的植物，文化背景深厚。深夜被雷声惊醒，一道闪电划破夜空，接着细密雨声，节奏鲜明。我坐在床上，望着窗外的黑暗，想着大堤上的地黄，它能否经得起惊天动地的雷雨。

　　清晨上大堤上步行，我急忙赶路，去看雨淋过的地黄现在情况怎么样。风不大，挟着潮湿气扑来。鸟儿的鸣叫从林间传出，路边野草中的地黄，安然长在大地上，这点风雨，对于它只是经历。提着的心放下来，蹲下身子，观察经雨水洗过的地黄，一派清新，呈小喇叭状的花冠，在吹奏晨曲，歌颂又一天到来。

在山野中发现

　　昨夜下一场小雨，空气湿润，打开窗子清新气流进来。我每天习惯半倚床头，读米切斯瓦夫·米沃什的《猎人的一年》。

　　这是一部独特日记，展示诗人生命中的一年，米沃什说道："我的确成了一个猎人，尽管是不同意义上的猎人：我狩猎的目标是整个看不见的世界，而且我倾尽一生，在词语里试图捕捉这个世界，用词语击中它。"这段文字，让我回味，他怎么选择这样的符号，去表达内心情感。

　　电话响起来，接通是韵达快递，有一个件来了。我放下米切斯瓦夫·米沃什的书，从猎人中走出，下楼取件。

　　捧着一个大纸箱子，走上楼有些气喘，用刀划开胶带，打开一看，生彦从沈阳寄的秋木耳和榛蘑。两样山菜都是我喜爱吃的，在山野中采过它们。

东北一句俗话，特别有名气："姑爷领进门，小鸡吓掉魂。"意思说刚结婚的女儿，和丈夫回门，娘家以小鸡炖蘑菇款待。新姑爷进丈母娘家的大门，小鸡知道末日到了，要与蘑菇炖在一起，给新姑爷吃，所以吓掉魂。说法归说法，其实家中来"且（客）"，也拿它招待，可见这道菜在东北的重要。

小鸡炖蘑菇，用干蘑菇、鸡肉和粉条炖制。鸡肉炖得时间长，汁水入肉，格外软嫩。蘑菇鲜香和鸡肉交融，在炖的过程中发生变化，香气四溢，粉条香浓。

榛蘑称为山珍、东北第四宝，呈伞形，淡土黄色，菌柄细长圆柱形，基部稍粗，柄多弯，老后棕褐色盖的边缘，呈放射状排列的条纹。每年七八月，生长在针阔叶树的干基部和代根，以及倒木埋在土中的枝条上。一般多生在榛柴岗上，因此得名榛蘑。

我去过珲春干沟子山城，它是一座古城遗址。浑蠢源于女真语，即边陬、近边之意。珲春为"浑蠢"的转音，明代称为珲春卫。"此地早在周秦为肃慎地，汉、晋为北沃沮，北魏时期属勿吉地，隋至唐初为拂捏靺鞨之南境，白山部之东境，后属渤海南京南海府，江为博罗满达勒部。金代为完颜部肇基王业之地，后属上京海兰路，元属开元路，明代于此地设置珲春卫，明末为满族舒穆禄氏所据。清顺治十年（1653年）此地为宁古塔昂邦章京统辖地，一七一四年（清康熙五十三年），清政府设珲春协领，这是有资料可查的珲春地名第一次在官方出现。"干沟子山是金代城市遗址，位于珲春市哈达门乡东红屯西一公里的干沟子沟口东北山上。我对金代古城充满好奇，田野调查的行程表上，它是被画上红圈的重点地方。

我们面对一座遗迹，一件结满锈痕的文物，在文史资料的缝隙中发现，重新审视那段历史。从史料中，找不出任何记载城中最高统治的名字。干沟子山城曾经发生过什么重大的事情，有过何种激烈的战役，它是怎么被毁灭掉的，这些问题史学家恐怕无法回答，出土文物并非说明书能够标注清楚。

干沟子山生长杂树林、灌木林和野花，沟谷里流淌的溪水，使山有了灵性。各种野蘑菇、冻蘑、松蘑、榛蘑、芫蘑，高耸的松树上，每到秋天结满松塔。我琢磨妥当的进入口，不仅进山的道路，还要有熟悉这座山的向导。我贸然进山，在谜一样的山里，花费多少时间，也不一定找到更多东西。

　　二〇一二年九月二十九日，天空不那么透亮，阴云密布。车子驶过延珲高速公路收费站，我彻底放松，公路依山而走，山势不高，突现北方山野特性。怀中抱着摄影包，资料带在身上，记忆模糊的时候，它起决定性的作用。一路上和开车的张延杰说话很少，向车窗外望去，闪过的风景未吸引住目光，心在干沟子山，梳理文字中讲述的历史。

　　一个多小时后，车子来到哈达门乡，GPS 定位仪指到了目的地，不再工作了。哈达门位于珲春市东北部，珲春河北岸，清顺治初年，就出现满族村落。一七一四年，清康熙五十三年，从宁古塔迁徙很多满族的关姓、铁姓、季姓，在这块土地上安家落户。哈达门是珲春地区朝鲜族最早的聚居地，"海上丝绸之路"的重要驿站，这里的满族、朝鲜族民俗积淀丰厚。

　　我们只好下车，在路边摩托车修理铺前，打听去干沟子山的路怎么走。修车小伙子，手中带油渍的扳子，向前方一指，往前走十几里。我们谢过师傅的指路，重新坐车里，直奔东红屯西的干沟子山。天气突然变化，云遮蔽天空，雨降落下来。

雨水包围车子，雨刷不停划动，前方视线不好，车子放慢速度。远处山峰笼罩雨雾中，晴天被雨破坏掉，上干沟子山的兴趣消失，面对突如其来的"雨客"。车子驶到岔路口，不再往前开了，从行走的路程感觉来过。雨越下越大，敲得车篷直响，我们停靠路边，等待过路的人，问怎么走路。车速不快，走出不远看到，从前方有小车驶过来，驾驶员减速，知道我们需要帮助，打开车窗，隔着细碎的雨，张延杰询问路的方向，他说多跑过一段路，我们掉转车头往回走。干沟子山的界碑竖在路边，雨水冲得干净，我们远远望到。东红屯的面积不大，依偎山脚下，干沟子满山树木，无法辨清山上情景。雨中屯子安静，无人影出现。

我顶着密实的雨，脱下衣服遮挡相机，对着干沟子山的界碑拍照。雨打湿衣服，秋雨的凉意，从头皮浸到身体里，浑身往外冒冷气。车子在屯子中的小路转悠，看见年轻的小伙子，从屋里走出来，向马棚奔去。

我急忙下车，走进敞开的院子里，想了解干沟子山情况、屯子中谁知道山的历史掌故。雨不停地下，走不出几步远，淋湿头发，每走一步，留下一个泥鞋印。小伙子面对我这个陌生人，热情打招呼，请我到马棚里避雨。两匹马在槽子里吃草料，湿润的空气中，弥漫马粪味儿。我和小伙子说明来意，他说来这里时间不长，不清楚此地情况。小伙子指往远处的一幢房子，那家是老户。

谢过小伙子指引，我在泥路上艰难行走，躲开积攒的水洼。衣服里相机碍事，走路不方便。这是一幢砖瓦房，烟囱冒的烟，被水湿空气吞噬。我抹一把脸上雨水，敲响房门，屋内传出男人声音。拉开房门，一阵热气扑来，冷热相交中，大炕上坐着年纪大的男人，炕沿上坐着年轻小伙子。

我走进屋子里，地上留下水湿鞋印，我介绍来此地的目的。炕上的男人，五十多岁，叫吴海刚，是这家的主人。小伙子是来串门的邻居，名字叫王志伟，今年二十八岁，他们是土生土长的干沟子山人。

我问吴大哥有关干沟子山的故事、山上古城遗址的情况。吴大哥说，他一辈子住这里，真没有听说过什么，他指着王志伟说，他天天上山放牛，那里的沟坎、每条溪水都认识，若今天不下雨，早上山放牛转悠了。乡村人朴实，待人热情，请我上炕暖身子。普通的农家屋，炕上摆着炕琴、高低柜，墙上贴一张明星画。宽大的铝合金窗子，玻璃上爬满水汽。屋子里的温度高，吴大哥穿着短袖，我身上被雨水打湿，冷和热纠缠不散。雨天打破行程，来到干沟子山下，我想到山边看一眼，能走多远是多远，要不回到山东会后悔的。激烈的斗争中，我问进山路怎么走，王志伟爽快地说，我陪你们去，你们不好找路。他的话让我感动，穿着一双拖鞋，这鞋行吗？他说不成问题。小伙子让我过意不去，山里的人不愿意雨中上山，山中深藏危险。

我们坐上车子，王志伟指点方向，顺利走出屯子。车子在土路上颠簸，山野湿得不真实了，我们沿着干沟子山边行走，去进山的路上。

一条河绕山流淌，王志伟说，必须蹚过河才能进山。车子停在滩地上，张延杰留守车上，王志伟陪我进山，在雨中向山中行走。我们站在河边，雨中河水清澈，望着河底的石子。流淌的水和落雨声混杂，格外清脆，对岸一条盘曲的路，通向山顶的古城址。我问王志伟，这条河的名字，他说老一辈子人传下的规矩，谁第一个落户，屯子和山沟的名字随他姓。王志伟每天赶牛进山，他与山，山与他，形成特殊的情感，早上迎着新升太阳，在牛脖子挂的铜铃声中，走出屯子。和一群牛在山里转，夕阳围困山头，赶着吃饱的牛，从山里往回走。一天蹚过两次河，哪个位置深浅、流速快慢十分清楚。

现在是北方深秋，天气一天天凉透，我从未在这么晚的季节赤脚蹚水，面对秋水犹豫半天。我要保护相机，裤腿挽到膝盖，脱下散步鞋。脚踏进河水中，无数个冰针，刺向光裸的脚，凉气陡然钻遍全身，感觉小腹下坠。水中卵石遍布，突出可见，每走一步，石子硌得脚疼痛。水冲击双腿，几乎失去平衡，我与水搏斗，王志伟伸出救援的手，拉我快速上岸。秋水对身体伤害极大，什么也顾不上了。水湿的脚无法穿上鞋，挽起的裤腿，滑落河水中，有一截被水浸湿。

我跟在王志伟身后向上攀登，从山口踏泥泞的路，一步步前进。山里的树多，不断撞进视野中，它是山的注解，当它和山结构一起，使山有了野的灵性。任何人走进山中，不可能无动于衷，为大自然叹服。王志伟穿着黑拖鞋在前面领路，他熟悉山路，雨中变得湿滑难行。

一棵椴树倒木上，生长着许多的榛蘑。榛蘑学名蜜环菌，长白山生长十几种。一般常见的有奥氏蜜环菌、疣皮蜜环菌、梭柄蜜环菌、黄小蜜环菌、高卢蜜环菌。

榛蘑性喜群居，成片生长，颜色与枯叶差不多，稍不注意就走过去。遇上榛蘑不要摘完就走，在旁边枯叶中翻找，可能发现叶子下藏的榛蘑。

雨中的山路安静，看到这堆榛蘑，我兴奋起来，蹲在椴树倒木前，观看雨淋湿的榛蘑，鲜润可爱，不忍心动手摘。王志伟说，采回家炒肉好吃。

秋雨中断进山的道路，命运安排这次实地考察。我带着相机闯入历史里，进入事件中。这不是摆弄姿势，为了创作一个主题，而是历史留下的真实，残躯保留历史遗下的体温。从山上淌下的溪水，只是一条野水，停下行走脚步，走到它的身边，手伸进清澈的水中。溪水穿行山中，从山顶上往下流淌，自由随势而行。水弹奏出古老的调子，使山蕴满生机。不同区域的溪水，呈现不一样的身姿，记录山中的四季，记录沧桑的历史变化。

我站在溪水边，向山上望去，端详每一处地方。雨水密集，相机躲藏衣服里。雨水模糊视线，在脸上滚动，我经受秋雨的考验，溪水叙事中走进历史，结束短暂的行程。干沟子山有一条血脉似的山路，等待人们从这里出发，走进山顶上的古城，听它讲述前尘往事。二〇一二年九月二十九日，十二点十一分，在秋雨中的干沟子山，我碰上一堆榛蘑，在日记簿记下一段话。

二〇一六年五月二十三日，作家李燕在长春朝阳区繁荣路十七号"金生玉春饼酱骨头炖菜馆"请我们，这是第一次和胡冬林见面。他父亲是著名诗人胡昭，和我父亲是老朋友，我家的书架上，有几本胡昭签名的诗集。胡冬林送我一本《野猪王》，这是他写的生态小说。这一天，长春暴雨的天气，窗外大雨，淹没马路奔跑的汽车声。餐馆里顾客稀少，几个文友坐在圆餐桌前，听胡冬林讲述几年在长白山田野调查的经历。

二〇一二年，我从网上邮购他的《狐狸的微笑》，其中一节写蘑菇，讲在当地满族先民以植物命名的山沟观察时的情景。

前几天，北方妇女儿童出版社送我胡冬林的《蘑菇课》。

我剪开榛蘑的袋子，拿出一些泡发清水中，中午准备排骨炖榛蘑。此菜既有肉味，又有山野味，它们的结合，创造出鲜香的美味。

马蹄叶

二〇一七年七月，我回延吉老家，距上次离开四年有余。每一次归来，心情不一样，感慨不尽相同。

第二天，一家人来五凤，在姐夫家的农庄相聚。大姐和家人准备午饭，我背着相机在附近转悠。

几年前，这是一条土路，近两年附近的住户增多，修筑成乡间柏油路。左侧大片水稻田，中间有沟渠，水被引向田地里。我蹲在地头寻找水中的蝌蚪，看了半天，不见一只出现。可能撒太多的化肥，水质污染，没有生存的空间。田埂上有一些枯草，喷洒"百草枯"后干死掉，它与水中的绿色稻秧不和谐。不远处的兄弟峰那么壮美，笼罩淡淡的雾气。山上树木茂密，端起相机对准山，一只鸟儿从镜中飞去。

路右侧漫无边际的苞米地，宽大的叶子绣着金线。草丛中开粉色的喇叭花，令人喜爱的野花，花叶上滚动露珠，睡美人一样，不忍心打搅它的梦。我端起相机为它拍照，做手机屏保。

五凤屯的东头，有一条向北山延伸的路，我顺着这条路往前走。屯子在身后越来越远，几年前由李明带路，走的是这条路。

往前走不出不远，有一种植物。基生叶卵圆形或心形，边缘具粗锯齿，基部深心脏形，两面无毛；叶柄长。仔细观察，觉得非常熟悉，又不敢胡乱瞎猜。朋友说这是蘸酱菜马蹄叶，也是一味中药。

马蹄叶，学名北橐吾，又名马蹄紫菀、熊蔬、肾叶橐吾。分布于我国东北地区。生长在深山小溪边或湿地上。多年草本植物，它是受人青睐的野山菜，采回家用来打包饭、凉拌，或蘸酱生食，具有独特的风味。马蹄叶具有药用价值，镇咳、祛痰、镇痛，对腰腿疼、关节炎疗效明显。

老里克山是和龙市与安图县的界山，它在和龙甑峰山西北，高山的气候，空气清新，湿地上遍布野草，山上长着松树和桦树。高原植被丰富，长得马蹄叶肥大鲜美，与别的地方不一样。

在山野转悠，又一次来山溪旁，马蹄叶躲在不远处，这里一般人不会来，所以生态保护得较好。从相机包里拿防雨罩，摘的马蹄叶装在里面。中午的蘸酱菜，又多一道山珍。回来的路上，我发现一种野草，茎直立，钝四棱形，微具槽，有倒向糙伏毛，在节及棱上尤为密集，研究半天，不知叫什么名字。便采一株，准备问家里的人。

    拍了很多的照片，跑山路消耗很多体力，似乎闻到饭菜的香味。我拿着这株野草，问大姐它是什么草。她毫不犹豫地说，这是益母草，有名气的中药益母草，它有利尿消肿、收缩子宫的作用，是历代中医治疗妇科病的药。

    中午家人团聚在一起，桌子摆在房门外，丰盛的菜肴，惹人眼睛的是一笸箩蘸酱菜。看着自己采的马蹄叶，形状格外显眼，自豪感油然而生。我拿起一枚抹上酱，放上葱丝、香菜和辣椒油，再加一勺米饭。抓叶子的另一端卷起，饭包打好，咬一口，山野的清香与米饭混合的气息，充满味蕾。

偶遇广东菜

灌木丛越来越密，杂草缠脚，萧大哥扒开枝叶，闯出一条路。我觉得呼吸急促，停下脚步，望着密不透风的林中。穿的鞋不争气，踩在腐殖土和落叶上发滑，几次险些倒下。护着胸前相机，腾出另一只手，这时的情况，只能用身不由己形容，艰难往前走。

一条溪水横路上，水不很深，浮着枯干的树叶，中间垫几块石头，供过往人通行。萧大哥利索跨越，我试几次踏上面，身子在空中摇晃，两只胳膊寻求平衡，险些落进水中。对面有一架野葡萄藤，萧大哥递过来藤蔓，叮嘱抓住。握着干枯的蔓，好不容易跨越溪水，大口喘气，身上已经冒汗。

往前走不出几步，我发现叶子宽大、披针形的植物，仔细观察，凭想象感觉不出来它是什么植物。我问萧大哥叫什么。

他笑呵呵地说，它叫贯仲，也是一种中药，老百姓叫广东菜。春天刚长出不大，拿它包水饺，味道清香，也可肉炒做菜，发生瘟疫时，净洗根后，投入水缸中解毒。长白山区遍地都是宝，任何植物都是中草药。萧大哥说广东菜，这么土的野草，有这么洋气的名字，似乎不相关。

山中响起树枝折裂声，萧大哥前面开路，向上攀登。我只要停下，身上汗马上吹散，阴冷的风穿透衣服。一缕缕光线，从枝叶间筛落，一点声响传出很远。我不知道身处位置，萧大哥是方位图。

我听着林间鸟叫，自由自在飞翔。林子里光线暗了，夕阳变幻色彩，上山路不好走，下山也不易。我回过头去，望着古城墙，它不是想象中的东西，而是刻在大地上的历史。

顺着来路下山，不时遇见碰断的树枝，露出新茬口，过不了多长时间变干。我又回到小溪边，并不急切跨过，手伸进水中，掬起清凉溪水，带着山野气息渗进肌肤中。溪水顺山势往下流淌，凭借自然的形态，毫无人工雕琢痕迹。我摘下野葡萄叶子，放进溪水中，看它被推向远方，沿着树木和草丛遮掩的溪水消失。

山中不需要语言，叶子的变化，一缕光线明暗，山风表达一切。

很想扯开嗓子叫喊，拉动野葡萄藤，作最好告别。小心踩溪水中的垫石，流淌的水绕过石边，清脆的水声印在心中。拉扯路边灌木枝，缓解下冲惯性，免得被伸出的乱枝刺伤。溪水声听不见，眼前一片明亮，我们走出林木，回到山脚下。离开双凤山越来越远，登顶不成功，留下的遗憾，储存今后的日子里。古城墙历史的记录，它和山上植物不然，也许有一天全部毁灭，庞大的历史根茎，扎在岩石深处。

在周家沟里走，路坡度缓慢，不费太多力气。鸟儿躲在草丛中叫唤，我问萧大哥，这是什么鸟，他回答说野鸡。循声音方向举起相机，镜头捕捉它们，想拍下嬉戏的情景。无奈草密实，林子遮掩一切，听着在不远处，无法抓住影子。

夕阳在天边变幻色彩，一抹光线掉落双凤山上，古城墙又一次经受夜与昼变化，时间不知不觉中走过。日落之后，双凤山归于黑暗，在长夜休息养生。双凤山怀抱古老城墙，在风的摩挲下，夜的滋养中进入梦乡。

下山回延吉，我向老中医岳父请教这味中药的名字。岳父不紧不慢地说："它叫野鸡脖子，学名叫贯众。"两点都和萧大哥说得有出入，萧大哥说它学名"贯仲"。感觉"野鸡脖子"叫法准确，它和广东菜相差太大。岳父从书架上翻出中药手册，翻到其中一页。

一幅手绘植物平面图，和我在山中遇到的一模一样，文字介绍说：贯众，又为广东菜、野鸡脖子、东绵马、管仲。多年草生本，根茎粗大，块状，圆柱形，微弯曲。生于林间湿地、沟谷。根茎入药。春秋两季刨出根茎，削去叶柄及须根，洗净以后，切成两瓣晒干。贯众炭，将贯众掰碎，强火翻炒至外面焦黑，内呈老黄色，喷水灭其火性取出，放铁筒中闷四十八小时。其解毒、止血、杀虫、治时疫。

《吉林省常见中药手册》是一本绿皮小书，巴掌一般大小，泛黄纸页中保存那个时代的气息。历史在书中相遇，将我推到遥远的过去。一边翻书，回味山野中的野鸡脖子。光绪二十一年，张凤台登进士第，光绪三十三年五月，调东北任长春府知府。在清政府面临政治危机、日军加紧对中国侵略的时代背景下，对长白山地区实地调查基础上，结合史实和自己的所见所闻，编撰《长白汇征录》。其中对山野菜贯众，有详细记录：

《本经》名贯节，贯渠，《纲目》名黑狗脊，图经名凤尾草。《本草注》：叶茎如凤尾，其根一本而众枝贯之，故叶名凤尾，根名贯众。时珍曰：多生山阴近水处。数根丛生，一根数茎，根大如筋，其涎滑，叶则两两对生，如狗脊之叶而无锯齿，青黄色，面深背浅，其根曲而有尖嘴黑须，丛簇亦似狗脊根而大，状如伏鸱。性苦微寒，有毒，能解邪（熟）[热]之毒，二三月及八月采根，阴干，浸水，可避时瘟。

广东菜，俗名黄瓜香。做出的菜，有黄瓜清香味，当地人叫黄瓜香。从出芽到展开的时间短，嫩叶卷曲，在它尚未伸开，立即采集食用。伸爪就老了，不能再吃，采摘广东菜不能搁时间太长。广东菜富含多种维生素，受老百姓喜爱。焯过的广东菜，颜色翠绿，和酱清炒。也能凉拌，做饺子馅儿别有风味。

海洋蔬菜

霓屿街道的传统产业紫菜，有着几十年养殖历史。它位于温州瓯江口外，洞头的西部，东至深门大桥与元觉乡接壤，南濒大海，西至灵霓海堤与灵昆相连，北隔瓯江口水道，以地处霓屿岛得名。

十一月十六日，我来洞头的第三天，会议组安排下午采摘紫菜。对于紫菜的概念，只是做汤和紫菜卷，知道它是美食，有药物作用，其他一概不知道。

紫菜富含大量的蛋白质，各种氨基酸、维生素。早在一千四百多年前，北魏农学家贾思勰在《齐民要术》中讲道"吴都海边诸山，悉生紫菜"，以及紫菜的食用方法。北宋年间，紫菜身价提高，成为进贡的珍贵食品。明代药物学家李时珍在《本草纲目》中记载紫菜的形态和采集方法，指出医用效果，主治"热气烦塞咽喉"，"凡瘿结积块之疾，宜常食紫菜"。紫菜养殖的历史悠久。十七世纪上半叶，日本渔民用竹枝和树枝采集自然苗，用竹帘和天然纤维水平网帘养殖。一九四九年，英国 K. M. 德鲁发现紫菜重要的果孢子，在贝壳中度过生长期，这是重大发现，为研究苗的来源开拓出一条新路。日本黑木宗尚和我国曾呈奎，他们分别于一九五三年和一九五五年，揭开紫菜生长的整个过程，为人工育苗夯下理论基础。从此以后，紫菜养殖进入人工生产时期。

霓屿紫菜九月育苗，十一月初采收。紫菜反复收割，头水紫菜细嫩，口味最佳，营养更为丰富。二水紫菜，质量稍差，一般采至五六水。

芽头紫菜的口感，被誉为黄金紫菜。紫菜最好的是芽头紫菜，每年鲜紫菜采收前三天，采摘第一茬幼嫩芽头，便是芽头紫菜。由于采收时间短，产量极少，芽头紫菜大多为鲜菜，少有干品，品色鲜亮、叶质细嫩，具有紫菜特殊的清香。作为低脂、低热量、高蛋白食物，紫菜有长寿菜的说法。

我第一次采摘紫菜，望着退潮的滩涂，寸草不生，每走一步，深陷泥水中不能自拔。换上水裤试着向前走去，不等迈出几步，被泥水陷住，几乎淹没膝盖，迈不动步子，往外拔腿都十分困难。不敢再往前走，小心向岸边走回来。

　　养殖工人分成两组，一次只能进四个人。泥艋船，又叫泥马船，它是洞头的八大巧之一，渔民在海涂上采摘紫菜、捕蟹捉虾的好帮手。《史记·夏本纪》中曰："陆行乘车，水行乘舟，泥行乘橇，山行乘辇。"其所指的"泥行乘橇"便为泥马是也。唐代张守节撰《史记正义》记载："橇形如舩（小船）而短小，两头微起，人屈一脚，泥上挺进，用拾泥上之物。"洞头拥有大量的海涂资源，潮水退后，渔民们下海涂，抓蛤蜊、蛏子。海涂不是陆地，每走一步深陷泥涂，一般人难以行走，十分费力气。渔民借助工具在海涂上疾行，泥艋船一米多长，船稍往后侧，有竖立的木架，驾船人扶着它，左腿跪船尾，右脚向后蹬，船便飞快行驶。

　　海涂是大海接海沿线交融处，潮水涨落中泥沙积淀的区域，涂泥暄软黏腿，由于长短和速度不一样，涂面的暄软性不同。

双脚踩下去，二三十厘米，有的区域陷没膝盖，甚至达臀部。离岸边越远，海涂地水分大，越暄越深，人的身体重量向下，每移动一步，双腿从泥涂里难以拔出。人陷在这里难行左右，潮涨时危险，来不及撤退，就要出大事。有了泥艋船，不会出现危险，赶小海的人行走便捷。只要摆稳横档，身体平衡，跑得飞快。泥艋船多见于浙江、福建沿海各地，传说为戚继光抗倭，为了方便海上追敌所创。

洞头县霓屿乡是紫菜之乡，不仅产量多，由于海水优良，无污染，紫菜质量上乘。十一月份是头茬紫菜成熟季节，此时远眺海面，数不清的竹竿挺立海水中，竹竿间的网帘隐约可见。

我在等待中，看到远处滑来的泥艋船，同行友人坐在船上，红桶里装着新采的紫菜。

我坐在泥艋船上，船小在上面不舒服，身后驾船的养殖人，推动船在海涂中行走。空旷的海涂，一望无际，什么也不生长，看到一只海鸥，孤独站在涂泥上。听养殖工的喘气声，由于我的体重，船身明显变重，驾起来有些吃力。我感觉不好意思，很想下船，减轻船的重量，可面对辽阔的海涂，我无能为力，只好老实坐船上。

　　泥艋船在海涂上，留下歪扭的痕迹，望着前方的紫菜架子。泥艋船一步步接近，速度明显降下来，此时想跳下去，奔向紫菜养殖架。紫菜我喜爱的海产品，家中常年备有。下面条时，撕一片干紫菜，做汤放一些。鲜紫菜还是第一次看到。驾船的养殖工说着闽南普通话，我仔细听辨，他说好的头水紫菜黑亮，带有紫菜香味，触摸无油腻感。

　　泥艋船来到架子下，会务组的刘海鸣，在架子下等候。我和玄武前后来到紫菜架前。紫菜从网绳上摘下，心中特别兴奋，害怕摘坏紫菜。

　　刘海鸣举起相机，拍下我采摘紫菜瞬间。采下一小桶紫菜，装在塑料袋中，回酒店后，找服务员寄存冰箱中。第二天，临上机场，装入拉杆箱内，采摘的紫菜带回到山东家中。按着洞头朋友说的办法操作，炒了一盘紫菜，特殊的香味，让我回想在洞头的日子。

　　几天后，刘海鸣发来采紫菜的照片，看着自己，又回到采摘的下午。

天下第一山珍

这几天在网上看小视频，林区刺老芽的直播，完全非虚构，原生态播出，在山中采野菜的经历。五月东北采山菜的季节，天刚放亮，背着袋子进山，十分辛苦。我这个年龄很少冲动，对事情看得平淡。对于采山菜来了兴趣，想马上回老家，和林区刺老芽一样，游荡山野间。

我出生的地方叫榛柴沟，三面环山，走出不远，能进山采野菜。少年时，我有一段时间休学去姥姥家养病，进入五月，大人们采野菜。我身体恢复得很好，央求姥姥带我去，也是第一次采刺嫩芽。

小时候，去姥姥家过寒假，天寒地冻，大雪铺天盖地，有时几天不停。山野披上银白，雪茫茫的，坐在热炕上不愿出门，在屋里躲过寒天冻地。姥姥家养的鸡，怕在外面冻死，鸡笼子搬进屋里。本来不宽的屋地，在靠北的一面，放大鸡笼子显得更窄。鸡笼子的腿，离地有二十厘米，下面铺一层小灰，早晨起来第一件事情，就是清扫鸡粪。一只公鸡，大红冠子，尖锐的喙，一双粗大的爪子，趾高气扬。不可一世的高傲，充满雄性气质，稍有不顺，就怒气冲天，大吵大闹，赶走所有对手，是个好斗之徒，经常和母鸡打仗。清晨时候，天气寒冷逼人，人们恋着被窝。公鸡精神头十足，一声长啼，宣告新一天开始。我被它叫醒，极不情愿把头缩进被窝中，公鸡叫声过于响亮。睡意退尽，被叫声撕得七零八落，一点意思没有。天气转暖，鸡架搬到仓房里，公鸡每天清晨，如同吹响小号，声音嘹亮。

姥姥在外屋地忙着煮鸡蛋，带我们路上吃的。一切准备就绪，我极不情愿穿好衣服。姥姥背着桦树皮篓子，我挎的包里，全是路上的食物。

姥姥家住在半山腰，房后的山坡，被家属队种得都是苞米，野菜长得很少。我们顺着大食堂的沟，往山里走。

五月山里，背阴地方残雪积留。大地冒出嫩绿野草，草木未披绿挂翠，空旷荒凉。呼吸越来越急促，脚步沉重起来，来时的兴奋，一点点减少。

那天我们没有走多远，离家不过十几里路的地方。姥姥考虑我身体原因，陪我过采野菜的瘾。

刺嫩芽，俗名刺老芽又称刺老鸦、龙芽楤木。当地百姓开玩笑说，"它是个鸟不落、鹊不踏、狗不碰的怪物。"浑身长刺，刺既尖又硬，不小心扎一下特别疼。刺嫩芽多生于阔叶林，及针叶阔叶混交林一带，在山谷沟底，或林地边缘常见。刺嫩芽的清香，语言难以表达清楚，爽嫩甘醇，刺嫩芽的根皮及树皮均可入药。富含多种维生素。具有祛风湿、散瘀结、增强精力的功效，被称为山菜之王、天下第一山珍。

刺嫩芽味道清新，采回洗净，沸水焯过后，清水投一遍。刺嫩芽万能菜，任何菜都能搭配，我老家做蘸酱菜，下饭下酒的好菜。有各种吃法，也能做粥做汤。

做刺嫩芽煎蛋这道民间家常菜。刺嫩芽洗净，切成小粒。鸡蛋打入碗中，搅拌均匀，加盐腌几分钟。锅内放水烧开，放入刺嫩芽粒焯水，快速捞出，沥干水分，加鸡蛋搅匀。锅内放油，烧至六成热，下入鸡蛋和刺嫩芽调好的糊，火不要太大，煎两分钟，翻过来再煎，两面金黄出锅。

我和姥姥采的刺嫩芽，数量不多，只有小半篓子，好歹够吃两顿。我回来后，感觉身体疲惫，不想动弹，一头倒在热炕上。姥姥要做晚饭，我点名吃炸刺嫩芽。

姥姥拉过烟匣子，卷了一颗烟，抽几口算作休息，倒出背篓里的刺嫩芽，挑出一部分。外屋传出锅盆的响动声，洗净的刺嫩芽，不需要焯水。鸡蛋、面粉调成不稀不稠糊，刺嫩芽在里滚一下，裹上糊，入锅中热油烧炸，刺嫩芽很嫩不用炸久。外表金黄，内里翠绿。

看了林区刺老芽的视频，想从他的网店购野菜。刺嫩芽纯粹山野菜，不是大棚中栽种。现在回东北，桌上的蘸酱菜，刺老芽都是人工种植，与野生的差距大，营养不会相同。网上介绍，刺嫩芽可以盆中栽培。山菜野味浓郁，离开大地泥土，其本质就发生变化。

食物的记忆，不是我们平常所理解的记忆，沉积于人们身体的记忆。珍妮·古道尔指出："很多人不知道他们的食物从何而来，有的人根本就不知道他们在吃什么。"野菜成为大棚中植物，吮吸化肥的滋养，改变生长规律，野性气脉被清除得一干二净。诗意的大地消失，食物与人变成交易，不再和心依恋。

　　现在有水培技术，实用水床，家中的盆、缸和桶都可以用上。反季节刺嫩芽，如今离开大地，缺少一分情感。

布苏妈妈

北方秋天大白菜随处可见，过冬必备菜，人们靠它熬过寒冷日子。东北人白菜吃法很多，除了炖、炒和溜，还煎冻酸白菜吃。秋天无心的白菜丢房顶上，省地方，也不用操心经营，吃的时候，取下来拾掇干净，即可食用。

酸菜满语称为布缩结，是满族人传统美食中普通的菜，却是一道名菜。清代满族诗人顾太清写过一首《酸菜》：

秋登场圃净，白露已为霜。

老韭盐封瓮，香芹碧满筐。

刈根仍涤垢，压石更添浆。

筑窖深防冻，冬窗一修筋。

诗中描写制作酸菜的过程，天寒地冻的关东，大雪封门，咆哮的风雪中，一家人坐在热炕头上，围坐在一起吃酸菜炖猪肉和粉条，或火锅、酸菜、白肉、血肠。早在辽金时期，女真人居住的地区，开始产白菜，并且有入冬渍酸菜习俗，民俗学家关云德搜集酸菜的传说：

相传，金太祖完颜阿骨打起兵反辽时，有一次远征漠北，命他的大妃为女真军押送军粮菜蔬。不料中途遇上一股辽朝军队，双方激战起来，由于女真军押运人员少，虽然拼死相搏，终因寡不敌众，全部战死，大妃在临死前顺手将几棵白菜塞进陶罐子里。

阿骨打在战后派女真军去接应大妃的运粮车队，却见押运的女真兵马全部战死，在大妃遗体旁，发现了装着白菜的陶罐，由于雨水的浸泡，大白菜已经发黄变软，并且散发出一种奇特的酸味来。阿骨打悲痛地将爱妃安葬在山坡松树旁。将大妃舍命保护下来的几棵白菜切碎，炖上猪肉，女真军吃得特别香，顿觉体力倍增，高喊着为大妃和死去的女真将士报仇的口号，一举打下宾州城，取得了涞流河战役的伟大胜利，刻下了著名的"大金得胜砣碑"文纪念。

　　女真人见大白菜用水一渍，味道特别好吃，又非常简单易学，就发明了酸菜。民间家家户户都学会腌制酸菜食用，并尊记大妃为渍菜女——布苏妈妈。

　　读关云德写的传说，我对酸菜增加情感。秋天各家最忙了。买的白菜上千斤，每天打开晾晒，天黑前码上垛。叶向外，根朝里，围成圆形防止夜里冻坏。

　　大白菜去老帮，除根去叶，清水洗净。放在沸水锅中煮烫，然后拿出，投冷水中渍泡。白菜取出控干水，摆入缸中，压实一层，放上粗粒盐，码实满缸后，压上一块石头。倒入凉水，过几天后，压石下沉，缸口盖严。不能碰油腻的东西，以免酸菜易烂。我家做入冬前的准备工作，渍酸菜和咸菜的缸，洗刷一遍。渍酸菜的大缸，从后院的墙根移入屋中，锅台和窗子之间，有一小块空间，那是放酸菜缸的地方。渍酸菜先烧开一锅水，洗净的白菜，热水中浸过放缸中。浸时间长了不好，一定掌握火候。白菜排满缸中，放满淡盐水，最后压上石块。

天气一天天冷，屋子里的温度和外面相差悬殊，酸菜中溢出酸菜味，冬天已经很深了。

酸菜是家常便菜，来客人是应急菜，随手从缸中捞出酸菜解决问题。炖一锅酸菜粉，热腾腾端上来，上几碟小咸菜，烫一壶热酒。吃酸菜离不开白肉，瘦肉炖不好吃，酸菜吃油，白肉煮进去，豆腐一样嫩，吃时不那么腻人。东北人好吃火锅，酸菜火锅讲究，酸菜切得细，放上土豆粉丝和冻豆腐，再加上炭火散出的炭香味，充满温馨的回味。吃火锅的作料有学问，韭菜花、辣椒油、蒜泥、葱末、香菜、酱油、腐乳，再倒一点香油，放在碗中调好，从锅里夹出菜蘸着吃。祖母是满族人，从小受良好家教，待人接物极热情。祖母的刀工好，酸菜切得粗细均匀，小菜摆得漂亮，弄不好不能随便地出现客人面前。

酸菜吃法很多，不仅可包水饺，炒肉吃，炖豆腐吃，也可以生吃。我家乡是雪国，漫长的冬天，缺少新鲜蔬菜，只能变着法吃几样传统菜。

小孩子感冒咳嗽，熬一茶缸酸菜水，热乎乎喝下去，老人们说镇咳，不知谁发明的偏方。出门远行，包一顿酸菜馅儿饺子，保佑出一路平安。我吃酸菜长大，对酸菜感情深。

豌豆尖

豌豆尖是在北碚认识的蔬菜，对于北方人来说，多了一分好奇。卢作孚路的路边，去年有露天菜市场，其实侵占人行道，两边布满小摊和从乡下卖菜的人。我每天在这儿买菜，很少去超市。

大多卖菜人用竹筐，或竹背筐。耳边钻满重庆话，摊上摆的一些菜，分不清怎么吃，北方不见这样的菜。有一次发现一位老妇人，个头矮小，一脸皱纹，眼前竹背筐，不知道怎么背来的。我心情复杂地来到她的摊前，看着筐中的菜，问菜叫什么名字，她一脸笑意，用重庆话说，我无法听明白说什么。

我的话她未听懂，通过形体的语言，她感觉在问菜多少钱。我俩的语言在空中飞来奔去，交谈得热烈，彼此未弄明白对方的真实意图。说重庆普通话的妇女，在一旁插言说："叫豌豆尖，可以清炒，非常好吃。"谢过之后，我买下一些。

我和豌豆尖第一次接触，一个"尖"字，回味余长。诗经《尔雅》中称"戎菽豆"，这就是豌豆。一粒粒豌豆不大，其味甘，性平有和中下气、利小便、清热解毒之食疗功效。

明代药学家李时珍《本草纲目》记载，豌豆调颜养身，"祛除面部黑斑，令面部有光泽。"民间流传偏方："鲜豌豆二百克煮烂，捣成泥，与炒熟的核桃仁两百克，加水两百毫升，煮沸，每次吃五十毫升，温服，一日两次，能治小儿、老人便秘。豌豆荚和豆苗含有丰富的纤维素，有清肠作用，防治便秘。为防止叶酸缺乏，豌豆是孕妇不可忽视的食物。"豌豆我吃过多次，对这些功效不懂，只知道它是南方食物。钟叔河选编周作人《知堂谈吃》，其中有一篇《戊戌日记三则》。戊戌为清光绪二十四年，即公元一八九八年，周作人十四岁，当时在杭州。

二月初五日，晴。燠暖异常。上午，食龙须菜，京师呼豌豆苗，即蚕豆苗也，以有藤似龙须故名。每斤四十余钱，以炒肉丝，鲜美可啖。

　　清水洗过之后，控尽水分，按照习惯操作。热锅冷油投进作料，放进葱花，放入豌豆尖，不一会儿，一盘爆炒豌豆尖出锅。午饭中，高淳海提出意见。他一语中的地说："炒豌豆尖，不能用酱油，要用蒜，不可以炒得太烂。"这几点我一样不少，豌豆尖以失败告终，吃起来味道不怎么好。

　　豌豆尖也叫豆苗、龙须菜。豌豆最早产于地中海和中亚，以后传入印度北部，通过中亚西亚漫长的路线，被引入中国。普通家常菜，在南北各地大面积的栽种，取食嫩梢和嫩茎叶。豌豆尖看似平常，不是高贵食材，它是餐桌上不可缺的时令菜。有：炒豌豆尖，烧豌豆尖，凉拌豌豆尖，豌豆尖炒鱿鱼，豌豆夹炒培根，炝拌豌豆尖，豌豆尖豆腐汤，豌豆尖汤，等等。

　　对豌豆尖进一步了解，促使我有了战胜它的决心，第二天，上菜市场，又找老妇人的摊位，可惜没有米，在另一摊位买了豌豆尖。中午一改思路，从网上读到做法。此菜叫做蒜蓉豌豆尖，结果得到大有进步的表扬。

二○一五年十一月八日，我又一次来北碚，第二天去超市买菜，遇见豌豆尖，绿油油地发出问候。望着豌豆尖，想起露天市场背竹筐的老妇人，拿起一叶豌豆尖，我们默默相望。

万州红橘

这几天迷上红橘，每次上超市，或到菜市场，都忍不住买几斤。坐在沙发上扒着橘子皮，橘香冲鼻。此时缙云山雾气缠绕，辨不清起伏的山脉。

手指染上红橘汁，渗进皮肤的纹络。剥开皮后，一瓣瓣橘子排列有序，不忍心似的掰一瓣，放进嘴去，回味悠长。我在北方经常买橘子，常见的是小金橘、砂糖橘、蜜橘、贡橘、柑橘。其实不了解橘子，所有的统称为橘子，只知道生长在南方。

超市水果区域，有很多水果品种，橘子也有几种，不知为什么，对红橘子有感觉。货物标牌上写着"红橘"，初次听到，这个通俗易记的名字。红橘有粗皮、细皮之分，粗皮汁少，味甘甜，产量不高。细皮则相反，汁多带核略带酸味，产量比粗皮大。

我国是橘子原产地之一，有四千多年栽培历史，橘子资源丰富，培育出繁多优良品种。据史料考证，公元一四七一年，橘子从中国传入葡萄牙，公元一六六五年传入美国。

  橘子全身是宝，连不起眼的橘络，都有大用处。通络化痰、顺气活血。橘络饱含维生素 P，有一定防治高血压的作用。橘肉深藏的核，咬一口味苦，具有一定的散结、理气止痛作用。橘叶疏肝理气、消肿散毒。扒掉橘皮的白色内层，表皮叫橘红，起到一定理肺气和祛痰作用。对橘子的药用发现，是人们千百遍尝试总结出的经验。干透的橘皮，放入杯中沏水，炖肉时投放几块提味。橘子皮不能小看，它可以美容，李时珍《本草纲目》中说的陈皮，就是橘皮，"同补药则补；同泻药则泻；同升药则升；同降药则降"。橘子看似普通，早在古时，经过摸索发现，认识药用价值。

  北方冬天，屋子里烧暖气，空气干燥，空间密封。橘子皮放在暖气片上，蒸出清新的橘香。

  二〇一四年十月四日，在菜市场买菜，看到老人卖橘子，那时不认识红橘，深有感触地写道：

在清晨的菜市场

买回一堆橘子

它装在老人竹筐中

顶上的叶青翠

吸足缙云山泥土的营养

扒开橘子皮

密集的白网络

包裹着橘瓣

我取出一枚

咬出青涩的汁液

它在身体中乱窜

情绪打开大门

迎接山野性格的果子

重庆万州保存的古红橘林，分布长江两岸，有数十公里长。万州红橘，古时称为丹橘，万州生态条件适合种植红橘，"色泽鲜红、果大、易剥皮、酸甜可口、细嫩化渣、爽口多汁，品质极优"。据民国《万县乡土志》记载："汉时橘正丰，故胸忍设橘官，后代无闻，清末渐兴，近年境内约有三十万株，以动郭里沦口为前多，或以糖蜜之作，橘饼色味较资内尤佳。"万州从汉朝起栽红橘，并设有橘官和红橘的加工等。一九一二年出生于万州的何其芳，现代著名散文家、诗人、文艺评论家，在抗日战争爆发后，回到家乡和成都任教员，创办《工作》半月刊，写出《还乡杂记》《成都，让我把你摇醒》等诗文。过去读何其芳作品，觉得万州太遥远，如今客居北碚，离他的出生地这么近。每天吃的红橘，就是他家乡特产。

多年前，读何其芳的《雨前》，感伤的情调、浪漫的色彩，流露出乡情：

我怀想着故乡的雷声和雨声。那隆隆的有力的搏击，从山谷返响到山谷，仿佛春之芽就从冻土里震动，惊醒，而怒苗出来。细草样柔的雨声又以温存之手抚摩它，使它簇生油绿的枝叶而开出红色的花。这些怀想如乡愁一样萦绕得使我忧郁了。我心里的气候也和这北方大陆一样缺少雨量，一滴温柔的泪在我枯涩的眼里，如迟疑在这阴沉的天空里的雨点，久不落下。

又一次读这篇文章，地点不同，感受不一样。茶几的果盘中摆放红橘，它似一卷文献史料，忍不住想翻阅，走进历史深处。北碚的天气，阴雨缠绵，整天灰沉沉的，看不到阳光。一个红橘，宛若燃烧的焰火，发出一缕暖意。

酱腌黄瓜条

每天散步经过早市，望着摊贩筐中的黄瓜，顶端充满诗意的黄花。停下脚步，欣赏鲜润的黄瓜。

黄瓜，葫芦科，一年蔓生，或攀缘草本植物。黄瓜味甘甜，性凉，无毒，入脾胃，中医认为具有除热解毒、利水利尿的功效。不起眼的黄瓜，治烦渴、咽喉肿痛，还有减肥功效。

黄瓜的原名叫胡瓜，汉朝张骞出使西域带回的蔬菜种子，它的更名始于后赵王朝的建立者石勒，是进入中原的羯族人。他是在河北邢台，当时叫襄国登基做皇帝，对人们称呼羯族人为胡人不满意。石勒最后制定一条法令："无论说话写文章，一律严禁出现'胡'字，违者问斩不赦。"

历代文人都有植物情结，唐代诗人章怀太子，写有一首《黄台瓜词》：

　　种瓜黄台下，瓜熟子离离。

　　一摘使瓜好，再摘令瓜稀。

　　三摘犹良可，四摘抱蔓归。

　　黄瓜做法简单，不需要珍贵食材搭配。拍黄瓜家常凉菜，主料黄瓜，用各种调料拌制而成。如果懒得动手做，清洗黄瓜，蘸着酱吃，也是简单吃法。我家黄瓜的做法，除了黄瓜炒鸡蛋、粉皮拌黄瓜丝、黄瓜虾皮汤，老三样之外，重要的是腌酱黄瓜条。小时和母亲学做的，切出黄瓜条摆在盖帘上，阳光下晾晒。一九八三年，我随父母迁往山东，每天被乡愁纠缠，每顿饭都要有腌黄瓜条。这种小咸菜，属于布衣小菜。一根黄瓜洗净，横切几刀分成段，从中片开，切成粗条形。然后入盆撒盐，黄瓜水分杀出，铺在一块板上，放到阳光下。晒后的黄瓜条，挤出水分，倒入酱油略腌，就可食用。

　　黄瓜收紧变成干条，遇酱油的逼近，爆发所有的激情。如果没有酱油，黄瓜条是另外的味道。

家乡的老人，把酱油叫成清酱，我以为这是土话，或形成的老习惯。河南安阳西部地区、山东长岛也把酱油叫做清酱。端木蕻良在写东北风味的小文《酱肘子》中说：

在清末民初时代，还没有今天所谓的酱油，只有一种清酱。这就是从酿造豆酱的酱缸里，用勺子舀出来的酱汁儿。后来的酱油可能是日本制造出来的，我小时看到家中自大连运来的酱油就是日本造的，原装是一个一尺多高的小木桶。装潢很好看。那时，清酱和酱油这两个词儿还在混用呢。

读后我有些弄不清楚，近日读相关的资料，搞明白酱油的源头。

我国在宋朝最早使用酱油名称，林洪在《山家清供》中记载："韭叶嫩者，用姜丝、酱油、滴醋拌食。"清酱即酱油，它从豆酱变化和发展形成。酱油有其他名称，清酱、酱汁多种称呼。公元七百五十五年，酱油的酿造技术，随同鉴真大师东渡日本，又传入越南、朝鲜、泰国、马来西亚和菲律宾各国。

清酱是在豆酱基础上，使用取酒的酒笼逼出酱汁。清酱与豆酱工艺区分，清酱不停捞出豆渣，加水加盐以后，多熬一会儿。装有酱的酒笼放入缸中，"等生实缸底后，将酒笼中的浑酱不断地挖出来"，慢慢落底，酒笼压上砖，让它不能漂浮。沉淀一夜，酒笼中只有清纯的酱汁。舀出的酱汁装进缸坛，在太阳下晒半个月，便变成人们所说的酱油。

打通对酱油和清酱的关系，不是方言造成的结果，其实是食文化的体现。

一九八三年，那时住在大杂院，周围的邻居看见我家晒黄瓜条，做成小咸菜，感觉十分新鲜，询问做法的工序。我将家乡的小咸菜，传给山东邻居，此后大院里有人家晒黄瓜条。

一九九〇年，我家住进楼房，四楼没有院子。每次做酱腌黄瓜条，切好黄瓜条，铺在一张白纸上，晒在南侧外面的窗台上。由于阳光充足，一天下来，黄昏黄瓜条水分逼出。

一年四季，现在我家做酱腌瓜条，它是家常小咸菜，品味中浮出许多记忆。

性格独蒜

　　客居北碚的日子，遇过很多新鲜东西，一头蒜，让我琢磨很长时间。北方人喜爱大蒜，餐桌上必不可少的食物。

　　蒜是舶来品，原产地不在我国，自汉代张骞出使西域，带大蒜种子回国，从此安家落户，至今两千多年历史。大蒜是生活中不可缺少的调料，烹调鱼、肉、禽类和蔬菜，有除腥提味作用，凉拌菜可增味，又可杀菌。我来北碚在超市或菜市场，发现人们偏爱独头蒜。这种蒜北方少见，也没有吃过。平常吃的紫皮蒜与白皮蒜。紫皮蒜瓣少，而且个大，辛辣味浓；白皮蒜瓣大，也有小瓣，辛辣味较淡。我们单位附近有一家饭店，中午不回家，便和两个同事小姑娘，桌前一坐，饭菜没有上，先喊一声："老板来几头蒜。"女同事美过容的指甲，精心扒着蒜皮，美甲撕扯下，跳出一瓣蒜。

在重庆饭店吃饭，很少见北方粗犷的吃法，它只能作为调料。独头蒜相比其他蒜，用法无大的区别，只是蒜皮剥开，是一头独蒜。素有"地里长出的青霉素"之称，比起多瓣蒜，所含蒜素丰富，性烈温中，杀菌解毒。

峨眉山独蒜品质优良，种植历史悠久，当地人称为蒜砣，享有"三江九叶灵芝草"的美誉。优良的土壤，山泉浇灌，种植的独蒜质量好。

峨眉山独蒜、个大、色白、肉厚、炒腊肉、烧猪肉均可为提味佳品。腌制甜蒜头时，放酱为酱蒜头，入盐水为咸酸蒜头。山东是大蒜之乡，苍山、金乡县大蒜全国闻名。每次上菜市场，买蒜的摊主都说，自己卖的苍山大蒜。他加一个大字，说明蒜的地位，其实未必是苍山蒜，加上大字唬人而已。

过去在东北，蒜论辫子买，秋天蒜下来，蒜的根茎留下编成辫状，人们买回家，往墙上的钉子上一挂，便于保存；散状的蒜头随买随吃。一到秋天，看到有人肩上挎着几辫蒜，不用吆喝，就知道此人卖蒜。秋天是冬的序曲，家家户户准备过冬的菜。腌咸菜很重要，离不开蒜，腌蒜茄子、辣白菜，剥很多的蒜，捣成蒜泥。屋子里充满蒜的气息，几天散不尽。

落雪的日子，窗外一片银白，玻璃爬满霜花。热炕头上，一家人围着小桌，吃猪肉粉条炖白菜，关键食碟中的蘸料，离不开蒜酱。如果缺少蒜，菜的特色减半，味道不足。

北碚卖的独蒜，分散的和袋装两种。分散的指堆货架的盒子里，买者一个个挑选，放进塑料袋中。白网袋装称好的蒜，标签有包装日期、称好的重量、销售价格等。

我扒独蒜头吃了不少苦，手扒时指甲生疼，蒜汁渗入皮肤，有一股辣气。后来找来水果刀，削掉蒜的独根茎，顺皮剥落。每次扒一小盘，食用起来便利，我与独蒜相遇，是在北碚的美好交往。

马齿叶亦繁

窗外阴云堆积，北碚给人的印象，走在旧时间里，难得看见阳光。缠人的雨，撩起人不尽的乡愁，每天读书打发日子。刘丽华从当当网给我邮购一套汪曾祺的文集，他的书有几个版本，这是新版本。书中汪曾祺谈吃说道：

马齿苋。中国古代吃马齿苋是很普遍的，马苋与人苋（即红白苋菜）并提。后来不知怎么吃的人少了。我的祖母每年夏天都要摘一些马齿苋，晾干了，过年包包子。我的家乡普通人家平常是不包包子的。只有过年才包，自己家里人吃，有客人来蒸一盘待客。不是家里人包的，一般的家庭妇女不会包，都是备了面、馅，请包子店里的师傅到家里做，做一上午，就够正月里吃了。我的祖母吃长斋，她的马齿苋包子只有她自己吃。我尝过一个，马齿苋有点酸酸的味道，不难吃，也不好吃。

马齿苋南北皆有。我在北京的甘家口住过，离玉渊潭很近，玉渊潭马齿苋极多，北京人叫做马苋儿菜，吃的人很少。养鸟的拔了喂画眉。据说画眉吃了能清火。画眉还会有"火"么？

汪曾祺平淡的讲述，其实对寻常野菜，充满丰富的情感。读着他的文字，浮躁的心安静下来。

有一天，清晨起身去厨房，锅和天然气灶，等待我做早饭。意外发现马苋菜开花，黄色的小花夺人眼目。

前几天，在缙云山散步，采回一把马苋菜，随手放在冰箱上，竟然开出花朵。赶紧奔过去。伸出的手犹豫又缩回来，不想惊动它的美。美有时脆弱，稍不注意碰碎。注视马苋菜绽开的花朵，带着童话的魅力，吸引我不肯离开。几次控制不住冲动，有拿起它的想法。我们有缘分，天地之间能碰上，并带回住处。离开泥土，不给养分补充，它在一个早晨绽放，是生命中一次灿烂的辉煌。

马苋儿菜带来快乐，也送来伤感。它对生存环境要求不高，耐干旱，不怕水涝，生命力极强。它不需要人工的养育，而是生长在农田、路旁、田间和杂草。它别名马齿苋、马牙菜，是一年生的草本植物。叶子肥厚，汁液丰富。茎秆带紫色，夏季开花，小型黄色花。李绛的《兵部手集》记载，当年武元衡相国在西川，患胫疮痒而不堪忍受，"百医无效，百方不挂。及到京，有厅吏上马齿克方，用之便愈。"李时珍是百草王，将传说记录于《本草纲目》。他在书中说："散血消肿，利肠滑胎，解毒通淋，治产后虚汗。"《滇南本草》早于李时珍的《本草纲目》一百四十多年，它是现存古代地方性本草书籍中较为完整的作品，对马苋菜已经有记载："益气，清暑热，宽中下气。滑肠，消积带，杀虫，疗疮红肿疼痛。"另一本唐代孟诜所撰《食疗本草》，此书为唐代食物药治病专书。《食疗本草》中的马齿苋，可以"延年益寿，明目"。说明在当时，人们开始食用马齿苋，时至今日，它是野生蔬菜和营养的食品。我国文人历来有咏物传统，唐代诗人杜甫《园官送菜》中写道：

清晨蒙莱把，常荷地主恩。

守者意实数，略有其名存。

苦芭刺如针，马齿叶亦繁。

青青嘉蔬色，埋没在中国。

杜甫把野菜写得这么诗意。少年时，我养了两只兔子，每天采野菜喂。我家后园障子外，有一片工农大队的菜地，地边有一条水渠，渠边长很多马齿苋，采回来晒一上午喂兔子。来山东以后，邻居们采回马苋菜，上锅蒸好后，晒成干菜蒸包子，做出的味道合口。大地四处可见马苋菜，人们挖回家，上锅蒸一蒸，蘸上蒜汁吃。对这种平常野菜，我从未注意过，开这么好看的花。

每次进厨房，先看马苋菜，那花的精神气十足。第二天早晨，我再去看花期开过，有些枯萎，失去青春的神气，面对即将到来的死亡。掸上几滴水，让水湿滋养生命，缓解快速的衰老。

花朵败落，厨房里少了艳丽，琐碎的生活，耗去人的不少精力。我几乎忘记，曾经有过美的瞬间。十多天后，花朵凋落的马苋菜，叶子还是翠绿，只是花瓣残落，不堪入目。拿起马苋菜，折断它的茎，汁液未干，这么多天守护自己的生命。

马苋菜的花朵枯干，觉得良心受责。我没有丢掉它，放回原处。我去缙云山散步，即使碰上马苋菜，也不会再采回来。它是大地的植物，不要轻易触动。过几天我要回山东，一定合适时机上菜市场买马苋菜，回家包一锅包子。雨天读汪曾祺谈野菜，向窗外眺望，雨雾簇拥缙云山，如今可是南方的冬天。

江边菜市场

　　眼前晃动人头，一拨拨扑来，在人流中挤来钻去，拉着购物车，身心极度疲惫。我预想江边市场的情景，被现实破坏，无想象中美好。

　　我跟在高淳海后面，听不懂重庆话，看着北方见不到的东西。有卖竹笋的农民，摆几棵新笋，粘着缙云山的泥土，第一次见这么大的鲜笋，过去吃袋子装的笋。我询问价格，农民回答一句，不明白说什么，他看我的表情，彼此无法沟通，伸出手指比画。肢体语言显得滑稽，交流半天才明白，一斤两块五。我从此不开口，不问价格，用眼睛观察。

　　南方和北方菜品不同，生活器具不相似。我对挑竹筐卖菜的人感兴趣，个子不高的老妇人，从身体上看，至少有六十岁。

身上竹背筐，几乎半个身子高，看似一座小山压在背上，在卖冬瓜，这种瓜北方也有。她弯腰背竹筐的姿势，通过视觉反映在镜像神经元上，引出记忆中的画。很多年前，第一次看到罗中立的父亲，多皱的脸上，一条条沧桑纹络，埋藏多少故事。我看她找了立足的地方，卸下竹背筐，放在面前。手筋骨凸出，凭着它在时间中淘食，养活一条条生命，从她眼神读出渴望。各个摊位想出个性办法，吸引过往顾客。卖钢丝球的摊主，用当地话吆喝，手中长长的钢丝网，在一根做尺的木棍上量，然后用剪刀铰断，叠了几个来回，标准钢丝球完成。路旁量血压的摊位，摊主给老人测血压。这样的环境下，人的肾上腺素飙升，血压不可能平稳。一条平常街道，此时交通瘫痪，人与人贴身而过，各种噪音聚合狂欢。

平常养成读书、写作、散步的习惯，面对这么多的人，有些承受不住。叫卖的，大笑的，讨价的，还价的，各种声音，交织在一起，形成声音河。它们铺天盖地扑来，呛得人躲藏不及，冲得七零八落。我感觉身体发生变化，躁动中寻找泄口，要奔涌出来。

在卖鱼肉市场，遇到血腥的残酷，两位年轻的妇女，活剥青蛙皮。剥掉皮的青蛙，露出血淋淋的肉身，在大塑料箱子中抽动。两位"悲剧制造者"，将青蛙送上断头台，一边大声说笑。空气中弥漫着腥味，我扭过头不想再看下去，逃出血腥场面，向人群的反方向挤。不想在人群中多待，没有心思再买什么菜。我和高淳海说，菜买得差不多了，不要挤来挤去。拉着购物车，费尽力气突围，越过一条横马路，就是嘉陵江边。

　　市场嘈杂声，在耳朵中不肯消失，疼痛不仅没有缓解，而且变得激烈起来。江边不见亮色，灰旧的调子，使人心情沉重。

红姑娘，黄姑娘

　　阳台角落，挂着一袋红姑娘皮，妻妹从东北老家寄来。妻子咽炎多年，经常复发，有人向推荐红姑娘皮，可以治疗。

　　每天喝茶，一般热水泡一杯，坚持数日。有一天，我嗓子不舒服，泡一杯苦水，这也是为什么红姑娘具有清热、消炎的功能。山东不产红姑娘，上小学时，五小门口有一个中年妇女，每天卖红姑娘，五分钱一白瓷缸子。

　　孩子们买回来剥去外皮，拿火柴杆，或大头针，从果实的脐点扎进去，把果内部的种子和筋挑出来。这个过程要小心，弄不好外皮破坏，红姑娘就废了。果实内部有根粗筋，味道苦涩，最不好挑。红姑娘里面的东西挑出来，剩下空壳的皮含进嘴里，小孔吹气，拿牙和舌头挤压配合，发出口哨般的声音，它是孩子的玩物。

红姑娘学名酸浆、挂金灯、戈力、灯笼草、洛神珠、泡泡草。原产地在我国，南北方均有，野生资源分布。公元前三百年，我国训诂开山之作《尔雅》，即有红姑娘的记载，名为酸浆。红姑娘为东北地区常见野果，浑身上下都是宝，其长得漂亮，人们把姑娘称呼送给它。红姑娘呈灯笼状，橙红色，或橙黄色，青果时，则属性寒，可以降暑、明目和解毒。果子成熟时其性温，养血滋肝脾。籽可壮阳益气，根能清热和解毒。宿存花萼做药用，具有清热解毒，治咳嗽咽喉肿痛、嗓子发炎最佳。

红姑娘在明朝政和年间，古人已经药用。明代药学家李时珍的《本草纲目》记载："燕京野果名红姑娘，外垂绛囊，中含赤子如珠，酸甘可食盈盈绕砌，与翠草同芳，亦自可爱。捣汁服治黄病（黄疸性肝炎）多效，治上气咳嗽风热，明目，付小儿内辟等多种疾病。"明代医家龚廷贤在《药性歌括四百味白话解》中记录："酸浆苦塞，清肺治肝，咽喉肿痛、热咳能安。"经现代科学检测，红姑娘含有丰富的微量元素。红姑娘东北分布广泛，其他地区较少。

近两年，山东水果商店有卖黄姑娘，很多人把它当作稀少水果。我母亲患病期间，每天早饭后，我用轮椅推她去百花公园散心。路经一家水果店，透过大玻璃窗子，望见里面摆着各种水果。黄姑娘由于颜色在果品中格外显眼。母亲说"黄姑娘下来了"，我知道引起她不少的回忆。轮椅停好，我进去买了一些黄姑娘。在百花公园的树下，我剥一粒黄姑娘，送进母亲的口中，她细嚼慢咽。我问味道如何，她说不如野生的好，没有什么味道。

母亲受过苦，上山采野菜，后来念护士学校，在山中采过中药。如今黄姑娘人工种植，不是长在山野中，而是人工种植。

妻子有一段时间，天天泡红姑娘皮水喝，感觉咽炎好多了，很少复发。母亲嗓子不舒服，吃消炎药，也不见特效。我从阳台的袋子中，取出贮藏的红姑娘皮，专程去济南给母亲送去，并嘱每天不要喝茶水，泡红姑娘皮喝。

又是一年黄姑娘上市。母亲去世两年，可是老人不在了，黄姑娘的味道不变，思念的情感，却一天天深重。

蔬菜皇后

宛如从鞘中抽出的剑，闪着冰冷的寒光。寒气从剑尖坠下，发出逼人声响。几滴清脆雨声，从关闭的窗子闯入，声音刺破黑暗，我被意外声响惊醒。不等缓过神，铺天盖地的声音从天空落下，预报的暴雨终于降落。

枕头里装满雨声，耳朵贴在上面，哗哗雨声，凉意从身上掠过。晚上和母亲视频聊天，从她穿的衣服，知道北方进入深秋，向冬天挺进。重庆阴雨不断，一个星期不见阳光，想起多年前，读过电影剧本，有一句台词，"我爱太阳，太阳不爱我"。此时明白，阳光和人的关系，生活中缺少阳光，生存遇上大问题。想念家中的书房，坐在白蜡杆椅子上，敞开通往阳台的门，一缕灿烂阳光欢快涌进来。有时怕晒坏书，关严门，把它挡在外面。

懂得怀念，才知道失去的重要。

清晨睁开眼睛，窗外雨声涌动，房间里变得阴冷。我下意识拉开被子，露出一张脸，来北碚以后，第一次睡觉盖被子，感觉不舒服。五点三十分，每天起床的时间，电煲锅续上新水，接通电源，拉开阳台的落地滑门，扶在安全栏上，远眺缙云山，除了雾，还是雾，它们淹没山冈，什么东西也看不清。我对重庆的了解，是从少年时读《红岩》，江姐的英雄形象，蜿蜒的山路上，双枪老太婆坐滑竿情景，扎根在少年的心中。我来过重庆两次，时间短暂，大晴天的，未遇过雨，朋友们说我有福气。这句话当时不理解，在北碚长住，才懂得他们话的意义。

一个多月，我对北碚的环境熟悉多了。有一天散步，碰着拎袋子的买菜人，顺着他们的踪迹，跨过云清路，沿着安礼路走到以卢作孚命名的路，在路口交叉处，有一处露天的菜市场。从那天开始，我隔一天来买菜。卢作孚是重庆市合川人，著名的爱国实业家、教育家、社会活动家。他是民生轮船公司的创办者。

民生公司拥有一百四十八艘江海轮船，卢作孚投资六十多个企事业，涉及面广泛，成为我国最有影响的民营集团之一。他青年时充满抱负，提出"只有教育才能救国"并一生为之奋斗。自学成才后，卢作孚创建学校、图书馆、博物馆，普及文化和教育。在缙云广场有一座他的塑像，从那时我认识卢作孚，准备去他的纪念馆参观，更多了解他的一生。

早饭后，尽管外面大雨，我决定不休息，进行每天的散步。走出楼道打开蓝雨伞，感受雨的阵势，不是平常小雨，地面上泛起无数个水泡，老人们说水起泡，大雨到。缙云广场边上区政府的大楼，它的后面有一条路，路是缓坡面，去华清路下坡，回来走上坡。越过华清路，走上安礼路头，才能到达菜市场。

重庆人的生活除了麻辣烫，雨雾是重要因素。走上安礼路，路旁的店铺开门营业，公交车站等车的人都打一把伞，生活在雨中进行。我第一次在雨中上菜市场，心情多一些复杂，北方下这么大的雨，不遇上特殊情况，不可能买菜。卖菜的人，这样坏的天气，也不会轻易出摊。

我偶遇买菜回来的人，有一位中年男人，光着大脚，手中拎着鞋和刚买的青菜。菜市场和往常人未见少，空间不宽，伞和伞撞在一起，又彼此躲开，人们对这种情况，习以为常。我听不懂重庆话，但有一个摊吸引了我注意。两只竹筐倒扣地上，搭一块木板，摆着一堆葡萄，插一块手写的硬纸牌，"壁山的葡萄三点五元"。紫色的果实经雨水淋洗，显得格外新鲜，我走到跟前，摊主用重庆话说，递过来一粒，意思先品尝。在这个热心的摊上，买一些当地产的葡萄。转到卖苕尖的中年妇女摊位前，菜叶滚动水珠，水淋淋鲜嫩，顺手买下一把苕尖。甘薯的茎尖，就是重庆人常说的苕尖。过去喂猪的青菜，不起眼的东西，香港人称为"蔬菜皇后"，苕尖含有丰富的维生素，以及人体所需的矿物质、延缓衰老、防癌等的蔬菜。这种菜在西南一带吃得多，北方未见过，也不会吃。

我的鞋子和衣服半边湿透，拎着兜中菜，打伞离开菜市场。散步和买菜的组合，在大雨中，五十多岁的人生第一次。

回到住处，水淋淋的伞放阳台上，脱掉浇湿的衣服，换上拖鞋。菜撂在厨房的灶台上，中午做炒苕尖。外面的雨势不减，雨这么大，更没有想到这么缠人。

第二辑

闻 香

栀子花炒腊肉

○六月二十一日

诸暨

老厨家味道

○五月二十一日

北碚

姜太公鱼芹

○五月三十日

广饶

伊通河边的美食

○一月十三日

长春

风味独特太安鱼

北京一家文化单位出诗集《夜的大衣》，书腰封上，要作者的生活照。编辑来电话说，我微信头像不错，那是去看油菜花时拍的。

我来北碚三个多月，每天三点一线生活，活动范围很少。高淳海说陪我去看油菜花，吃名菜太安鱼。我去江边散步，路过文星湾，路边有一家醉食寨，主打菜太安鱼。门前的牌子，画着一盘色彩诱人的太安鱼。我和高淳海说起太安鱼，他说那里的油菜花更有名，看油菜花，品太安鱼。

潼南县地处川渝要隘，种植油菜已有五百多年历史。崇龛镇是五代宋初道教至尊陈抟老祖故里，该镇是油菜之乡，红蜻蜓潼南油菜籽基地。从二〇〇八年开始，崇龛镇的油菜花海，成为中国最美十大油菜花田之一。

二〇一八年三月十四日，我们从北碚出发，去潼南县崇龛镇赏油菜花。经过两个多小时行程，中午时分赶到涪江下游双江镇，建于明末清初，距今四百余年。镇外浮溪、猴溪两条水环绕，镇内古街石板铺路。镇上保存古朴的风貌。这里自古便是西南地区的军事和商贸要地。

我们在狮泉路八号，一家刚开业的饭馆吃午饭。点的是太安鱼和盐煎肉。等菜的时间，发现隔壁卖自家酿的高粱酒，借着兴致走进去，看着一口口大坛子，上面贴着红色菱形，写有黑色酒字。和店主聊几句，便买了两斤家酿高粱酒。

回到饭馆，服务员端上太安鱼、盐煎肉。太安鱼在巴蜀美食文化中，有一定的名声。太安鱼，俗称坨坨鱼，《潼南县志·物产篇》记载："鳊鱼，即唐诗'缩项'鳊。产县太安镇瓦漩沱。腹如越斧，色青黑，味鲜美，实为他处罕见。"鳊鱼，古时称为槎头鳊、缩项鳊。鳊鱼体高侧扁，身体菱形。其肉质嫩，味道鲜美。鳊鱼专供给皇帝享用，潼南人称为贡鱼，瓦漩沱为禁溪。当地人借鳊鱼的优势，经过长时间摸索经验，创出做鱼的独特烹调技艺，就是太安鳊鱼，它是太安鱼前身。

　　太安鳊鱼名声大扬，品尝者越来越多，鳊鱼产于瓦漩沱，五百多米长的水域，所产的数量受限，不可能满足供货的需求。当地厨师根据鱼的特点，采用产量高的花鲢、白鲢和草鱼。食材都是平常所见，材料变化，做法与传统的有所改变，火大小，决定鱼的味道。在千变万化中，创制出现在的太安鱼，具有川菜特点，麻辣香，细腻和鲜嫩。

　　刚开始顾客自己选活鱼，高淳海去厨房，看中一条鱼，厨师操网捞出。剁掉鱼头熬汤，鱼肉烹菜。点的盐煎肉，也是四川传统特色菜，与回锅肉共称为姐妹菜。做出的肉片鲜嫩，干香酥嫩，味道鲜美。

　　现在太安鱼选为鲢鱼，切块加盐、酱油、料酒和味精，入红薯淀粉。大火过油，让鱼在油锅里微炸，全部捞起来。因为鲢鱼肉嫩，淀粉裹鱼，否则煮时鱼散架。锅热后，放植物油和牛油，爆炒泡生姜和山椒，加适量红辣椒块，大把花椒，八角茴香，一点豆瓣，炒香加酱油和料酒。锅内多放水，水开之后入鱼，转小火煨。撒入拍碎的蒜，继续煮两三分钟，放醋是为了去腻。

　　服务员刚端上太安鱼，香气在桌子上缠绕，逼出人的食欲。盆中的太安鱼炖得鲜嫩，筷子几乎夹不起来。吃过许多风格的鱼，太安鱼确实与众不同，麻辣渗出的香气，找不到合适的语言说明。盆中太安鱼，要比醉食寨的广告诱人，快伸筷子，夹一块太安鱼。

鲶鱼炖茄子

东北俗话："鲶鱼炖茄子，撑死老爷子。"鲶鱼炖茄子，也是一道特色炖菜。过去对此话不理解，家常茄子炖鲶鱼，为什么能"撑死老爷子"？不管这道菜有什么故事，好吃取代一切。

鲶鱼炖茄子是东北的金牌菜，离开大铁锅，炖出来不一样。在姥姥家过暑假，经常吃鲶鱼炖茄子，以后再找不回那种味道。姥姥家门前有一条小河，两岸边生长密集野艾，水声潺潺，清澈透亮，能看清河底沙子。这条河没有大鱼，只有小鲫瓜子、泥鳅和青蛙。有时姥姥赶大集，买回几条鲶鱼炖茄子。茄子不用买，去前面的菜园子里，摘几颗，清水洗净。下锅不能用刀，而是手撕，这样做出的茄子好吃。姥姥家的落地灶，烧大块的桦子，炭味弥漫屋子里，有特殊的香气。桦子烧得正旺，大铁锅中的油熬得吱吱响，浮起金色细泡。爆香姜和蒜，放酱油、黄豆酱、花椒粉，加水放入茄子和鲶鱼。

炖出的鲶鱼肥而不腻，茄子新鲜味浓，入口鲜美。坐在大炕上，围着小方桌，吃一碗二米子饭，留在记忆的深处里。姥姥多年养成习惯，饭前拉过烟匣子，卷一颗烟，然后才能吃饭。她一边抽烟，望着大家吃饭的样子。来山东三十多年，我尝试着做这道菜，每次都找不回那种味道。我怀疑食材的问题，缺少大铁锅和桦子。做出的鲶鱼炖茄子缺少什么。我每次回东北老家，找一家小饭馆，只点鲶鱼炖茄子，安慰漂泊的心。在网上读刘磊的小文，他写出鲶鱼炖茄子的民间传说：

当年北宋亡于金，宋徽宗、宋钦宗被俘押往五国城（今黑龙江依兰县）。途经松花江时士兵捕来一些鲶鱼，托当地渔民做成菜肴。渔民见鲶鱼数量不多，为了充数，就在里面加上茄子一起煮。徽钦二帝吃了这道菜，觉得味道鲜美，连声称赞，后来这道菜就被戏称为"撑死老爷子"。其实这个传说并没有什么历史依据，或许人们总是想让自己喜欢的家常菜带上一点传奇的色彩。事实上，每年茄子上市的季节正是鲶鱼最肥美的季节，鲶鱼肉多刺少，鲜美肥嫩；茄子营养丰富，入口软烂。荤素相得益彰，尤其适合老年人食用。

刘磊说鲶鱼炖茄子，和宋徽宗、宋钦宗被俘押往五国城，就是今天的黑龙江依兰县有关系。我对这个地方有特殊感情。依兰原名三姓，满语"依兰哈喇"。一六一六年至一六二〇年，努尔哈赤派大臣招抚居住在黑龙江流域的卢业勒（卢姓）、葛依克勒（葛姓）、胡什哈里（胡姓），三个赫哲氏族姓氏，先后来依兰居住，从此该地区称为三姓。二〇一七年八月，我在朋友的陪同下，从哈尔滨出发，走哈同高速公路，越野车行驶二百五十多公里，来到历史小城三姓。金代五国城遗址，据史书记载，这里是北宋徽钦二帝"坐井观天"的遗址。

五国城系辽代五国部之一，依兰是越里吉故国，在五国部的最西面，是一个盟城，故称依兰五国城为五国头城。靖康元年（1126 年），金兵攻破东京，俘徽钦二帝及其宗室三千余人北行。南宋建炎四年（1130 年）抵金国胡路，即今依兰五国城，开始他们漫长的屈辱生活。至宋绍兴五年（1135 年）、宋绍兴二十六年（1156 年），徽钦二帝先后死于五国城。我去的那天，因为金代五国城遗址内部维修，不对外开放，只能扒门缝向里观望。很遗憾走这么远的路途，不能进院子里感受皇帝"坐井观天"。三江地处小兴安岭、完达山脉、张广才岭延伸地带。地势呈西南高，东北低。松花江、牡丹江、倭肯河、巴兰河四水交汇。

我们一行人询问路人，来到江水交汇处。望着宽阔水面，几只水鸟儿飞动，阳光下的江水波平浪静。当年李克异一定来过，面对丰富的江水，回想历史上的情景，构思笔下的主人公命运。朱良志认为："石头是大自然的作品，无奇不有。中国人有崇拜怪石的风习。"我在江边的河滩上，拣了三块河卵石，它是"三姓"的象征。

我从遥远的地方带回来，摆在书橱里，每天都能相见，想起那个古老的小城。来到了"三姓"，中午我们在江边不远处，找到一家小饭馆，自然要吃鲶鱼炖茄子。

五通桥椒麻腐乳

　　立方体形玻璃瓶，红色的铁皮盖上，中间铜钱的图案，以"铜钱"方孔为中心，"桥牌腐乳"四个字写于其内；"铜钱"外，有一行 "百年传承，传承百年" 弧形的字。在超市货架前，看到五通桥椒麻腐乳，买一瓶回住处。离做午饭，还有一段时间，泡一壶绿茶，察看椒麻腐乳。

　　椒麻腐乳的产地在乐山的五通桥，德昌源酱园厂是老字号，在四川和重庆一带有名气。去过五通桥一次，当时高淳海在乐山师院上学，我们为了看小西湖。五通桥是一座水乡古镇，在乐山市以南的二十四公里，有涌斯和芒溪两条河，将五通桥分割成四望关、青龙嘴及竹根滩三大部分。五通桥背依青山，又有大水傍过，养育古老的民风。五通桥水多，自然桥不能少，各种风格的桥，体现建筑师的个性，把三片独立的陆地连接起来，形成特有的水城。清代诗人李嗣源称赞"烟火万家人上下，风光应不让西湖"。诗中说的湖，便是人们称谓的"小西湖"。

五通桥是文化厚重的地方，始于东汉时期的西坝米酒，远近闻名的苦竹，都是当地的特产。它的端午龙舟民俗，一直没有间断。源于清顺治年间，乾隆年间，开始龙舟竞赛和抢鸭子活动。咸丰年间，经过整治河道后，龙舟会更加昌盛，附近水路码头都有龙舟赶来，参加每年的竞赛。五通桥的豆腐乳，人们习惯称毛霉豆腐乳，也是大放光彩，它是传统的酱菜。由于五通桥的地理位置，气候条件的特殊，独生的毛霉，使豆腐乳香味浓郁、香气扑鼻，回味不尽。很多到过这里的文化名人，徐悲鸿、张大千、丰子恺诸人，品尝过后都赞不绝口。

清代同治年间，德昌源酱园在当地就是最大的豆腐乳作坊。豆腐乳制作严谨，经过多年的酿制，形成自己的工艺流程。"从磨浆、点脑到定型、蒸胚、划胚、培菌、后发酵"，有一套严格的程序，选材也很讲究。"一是必须用河西片区不含盐碱的

山地上种的小黄豆；二是要用凉水井的水淹浸泡适度；三是毛
霉菌丝长似鹅绒；四是酒用西坝米酒，香料精挑细选；五是大
坛储存小坛出售。"

五通桥的老百姓称豆腐乳为豆腐鱼，传说中的"德昌源"，
由慈禧太后亲笔题写。

相传，当时嘉州的府台，想创一个品牌流传后世，选中五
通桥的豆腐乳，但必须想办法，把它送进京城宫里，他开出千
两银子的悬赏。有一位姓杨的青年，自己开一家"江东园"作
坊，做出的腐乳风味独特，色香味俱全。他将榜揭下，与府台
谈的条件，拿出家传秘方做的腐乳，"不要赏银，只要御笔"。
府台一听大喜，让他准备几坛上好的腐乳，亲自押送进京，作
为贡品献上。"时值盛夏之时，慈禧食欲不振，太医也束手无策。
同治帝将嘉州府进贡的腐乳献上。慈禧在病床上，闻之有异香
迎面而来，食欲大增，精神爽朗，即下诏让嘉州府每月上贡十坛。
同治大喜，即召府台上殿晋见，府台告之杨的请求后，万岁爷
连声道好，欣然提笔书'德昌源'三字，释曰'德为道，昌自然'。"

二○一四年十二月，我在北碚开始写《丰子恺的人间情怀》，

阅读大量的资料。中间休息，到超市买菜，上缙云广场散步。

那几天读《丰子恺年谱》，记载他在五通桥的日子："一九四三年任国立艺术专科学校教授兼教务主任，不久辞去教职，以卖画为生；先后赴长寿、涪陵、丰都和川北诸地旅行，举行个人画展。一九四五年四十七岁，去隆昌、内江、成都等地开画展。"一九四三年，五通桥是丰子恺巡展卖画的第一站，他住在竹根滩上游街乐安旅馆，画展是在川康平民商业银行。

二十世纪四十年代初期，丰子恺在盐业之都的五通桥，游玩过小西湖，以此为题材创作一幅《长桥卧波》。一棵伸进画面的黄葛树，一棵棵垂柳，高耸的山冈，横跨江上的浮桥，过桥人停下脚步，凭栏远望水面上的船。临河的岸边，三人围着一张方桌，听着河水流淌的韵律声，一边喝茶，一边摆龙门阵。丰子恺的画面，没有故意搬弄色彩，用线条的文字，记录当时的风土人情。

早餐煮面条，拿来椒麻腐乳，拧开铜钱图案的盖，麻辣气息，疾速地冲来。一块块腐乳泡在麻油汤中，不似北京"王致和"，乳块腌于红汤间。不同的汤汁表现不同的文化，承载的故事，有了不一样的结果。

　　我夹一块椒麻腐乳，舌尖抿一下，冲劲十足的麻辣，顷刻间，到处回荡豆腐乳的香气。

小寒时节

　　小寒听上去，一个寒字，冷得直起鸡皮疙瘩。在北方注意保暖，早饭要吃好。在南方过第一个冬天，我有些扛不住，怀念东北热炕头，烧得烫屁股。我在滨州的家，一入冬天集体供暖，屋子里暖气，不怕外面天寒地冻、雪飘风啸。只要不出门，待在家中不会感受到冷的侵袭。

　　这里连阴天气，雨不停地下，整天阴沉沉的。冬天看到阳光是幸福的享受，每天在阴沉环境中生活，渴望太阳，不是什么人都能理解。回到屋子里，打开电热毯，盖上被子，呆愣地望着窗外。

　　昨天夜里下雨，清晨起来大晴天。八点多钟，缙云山浓雾散尽，天空能见度高，人的情绪有些冲动。准备好购物车，去歇马古镇赶场，历史记载已有九百多年，早在南宋时期，驿马往来是重要的送军邮、民信的驿站，所以叫歇马场。一九四〇年，晏阳初创办中国乡村建设学院，旧居位于歇马镇桃园村磨滩河畔。歇马市场菜品种类多，价格相对便宜，喜欢那里朴实的人情味。小寒的日子，应该天寒地冻、滴水成冰，走在街头懒得伸手。缙云山下，离山这么近，却看不到一块冰、一片雪。俗话说"冷在三九"，话的意思，不需要解释，其严寒程度可想而知。山东有一句谚语"小寒无雨，小暑必旱"。北碚的雨提前下了，到该下雨的时候，天气却变得晴爽。

二〇一四年十二月十一日，在阴冷的屋子中，我写下《阴冷南方》这首诗：

阴冷屋子里

捕捉不到一丝热气

我身体的温度

被衣服阻挡住

免得它们蚂蚁般吞咽

我寻觅热的保护

无奈之下

胳膊交叉抱在胸前

手躲藏腋窝中

蜷缩受惊吓的样子

感受春天一般暖意

"三九补一冬，来年无病痛。""三九天"民间有大补的说法，长江边上的老南京人吃菜饭，广东人吃糯米饭。古时人讲究不同季节，随着身体需要，吃不一样的食物。小寒时季，肾气虚弱，通过食的进补，调整身体和补充能量。我和高淳海商量涮老火锅，按照民间的说法补身子。小区不远处陈缙香火锅，环境干净，传统木条凳、大方桌，气氛特别好。老火锅体现重庆的豪爽，造就城市的饮食风情。

麻辣火锅发源于重庆，大约是在清道光年间，重庆的筵席上才开始有了毛肚火锅。重庆火锅历史悠久，从当年江北码头船工们自创的陶炉煮汤料烹制毛肚等无人问津的牛下水开始，到小贩们担着挑子沿街叫卖的"水八块"简易火锅，直至被宰房街马氏兄弟于民国十五年正式拉入饭店，逐渐成为主食。并历经了"抗战""文革"等历史时期的演变，经由"脸盆火锅""镶火锅"等品类的变迁而逐渐形成历史。悠悠乎乎也历经百年，故而，成为山城的名片，也是情理之中的事。

重庆老火锅以麻辣为主，兼有酸辣味。分清汤火锅、红汤火锅和鸳鸯火锅。吃的场面热烈，众人在大餐厅中共餐，风格独特。

年龄大的重庆人知道，老火锅是九宫格。重庆火锅分为两个程序——涮菜和煨菜，鸭肠、毛肚、黄喉和鱼片，大火猛涮。夹上要吃的食物，筷子伸向中间一格涮几下。蘸碟中调料，吃进嘴里，洋溢麻辣滚烫。各种食材，放在不同的格中，煨熟才能吃。

街头的叶子落不少，清洁工清扫路面，上学的孩子戴上羽绒服帽子，迎面走来的少女，戴着时尚口罩。前面有一条小狗，穿起花哨的衣服，跑起来笨重，有些滑稽。这一系列迹象表明，小寒天气，人们感受到冷的残酷。

来到 515 公交站等车，看着马路上奔跑的汽车，对面高楼顶上的天空泛出阳光，久已见不到的太阳辉煌登场，很多人的目光，都在注意它的出现。

我长时间过黑白片的日子，太阳的出现，眼睛不习惯亮色。我抓紧身边的购物车，宛如有了坚强依靠，不至于摔倒。需要一点时间，接触久别的温暖。我急于去歇马市场赶场，尽早回来，中午到陈缙香火锅店，庆祝小寒的日子。

当年不知驴肉美

俗话说："天上的龙肉，地上的驴肉。"驴肉味道鲜美，中医认为，驴肉性味甘凉，补气养血、滋阴壮阳、安神去烦。

一九八三年，我家从东北搬迁滨州，第一顿饭在作家飞雪家，他上了一盘广饶驴肉，介绍说是当地名吃。这是对广饶的最初认识，当时属于滨州管，未划入东营市。

德州驴产于滨州，以无棣为中心产区，又称无棣驴。早在清乾隆年间，无棣农民常用驴运盐，去德州进行盐畜交易，德州聚集滨州的商贩，他们的货大多靠驴驮运过来，德州驴由此而来。这种驴体形高大，按毛色分为三粉、乌头两类。

东北人很少吃驴肉，对于驴的认识，灰褐色的动物，个头不大，耳朵长，胸部稍窄，四肢瘦弱，蹄小坚实。它能拉车载货，作为交通工具供人骑乘。我家附近向阳红商店，进货的运输工具，就是毛驴拉的车。小动物可爱，不做出激烈反应而给人造成伤害。

作家席间讲述广饶肴驴肉的传说，清同治十二年（1873年），肴驴肉经县城十一村武举崔万庆举荐至兵部差务府，自此以后，肴驴肉进入京城宫廷御膳房。肴驴肉常吃能生力气，适于做练武人的下酒菜，广饶县大王镇的田门，出过皇宫侍卫，据说和肴驴肉有关系。光绪年间，康有为途经广饶，品尝肴驴肉后，写过一首诗：

旅居京华骑驴郎，残羹冷炙豪门光。

当年不知驴肉美，何事叩门却芳香。

名人伴名菜，自那时起，广饶肴驴肉的声名远播。广饶肴驴肉用料讲究，十七种传统香辛料，驴肉配以陈年老汤煮。肴驴肉纤维透明，充满弹性。

广饶肴驴肉正宗的是十一村崔家肉铺，崔成文生于清朝道光二十二年（1842年），童年读过私塾，由于家困贫穷，十几岁开始务农，在家种几年地，靠天吃饭，勉强维持生活。他头脑精明，善于琢磨，经过一段时间的观察，有卖看鸡的、卖猪肉的，但看不到卖驴肉的。这是难得的商机，卖驴肉无竞争对手，别人抢不走买卖，挣多挣少都是自己的钱。有一天，他在西关大集，碰上卖一头伤腿的驴，价格便宜。他买下瘸驴回家杀了，加工出看驴肉，余下的卖生肉，让他想不到的是，买看驴肉的人很多。又因价格好，两天的工夫便卖完货。他深受启发，觉得此买卖可做，大有赚头，至此做起看驴肉的生意。

崔家的看驴肉，洗净的驴肉切成大块。加水和老汤，放多种调料，急火烧三小时，汤中除油，肉瘦添加老汤。汤中的薄油，罩住热气不易蒸发，石头压肉入汤，改文火焖蒸四五个小时。出锅的看驴肉红中透紫，横刀断丝，肉质纤细，香而不腻，汤中有中药，夏天苍蝇不叮，所以不易变质。

一九八四年，我来山东的第二年，准备回老家东北探亲，向身边的人询问，决定带广饶的看驴肉。东北人很少吃驴肉，看驴肉在当地名气大，具有代表性。托人从广饶买回十几袋子真空看驴肉，带着情感回老家。亲戚朋友每家分一袋，吃后感觉味道不错，有人建议引进这种美食。

至今在滨州不论大小的饭店，经常见广饶肴驴肉的菜名，驴肉真假，难以辨认出来，只好睁一只眼闭一只眼，当作正宗的广饶肴驴肉。

名菜地三鲜

　　每天散步回来，经过高杜早市，捎点菜回家。夏天各种青菜，茄子、尖椒和土豆，非常抢眼。这些普通菜，一年四季都有，家家户户离不开，做出好味道，难度较大。

　　二十世纪八十年代，我家刚来山东，看不到长茄子，大多圆茄子。那时留下长茄子情结，现在遇上长茄子，就想买几根。离开东北老家三十多年，饮食习惯未改变，保持吃米饭，每顿饭少不了东北大酱。茄子家常菜，可做蒜茄子、烀茄子、米汤炖茄子和地三鲜。

　　二十世纪七十年代，生活艰苦，每家的油水很少，母亲把家常菜变着样，多增加营养，好让我们长身体。我在一旁摇风匣，母亲削土豆皮，茄子和辣椒洗净。在菜墩子上，切成滚刀块，大小均匀，备姜末蒜末。

大铁锅内多放油，茄子炸透，接着炸土豆，捞出沥油。锅内留少许底油，放入辣椒、姜末炒香，再往锅中倒入茄子、土豆和其他调味料。待菜炒熟，出锅前放蒜末，淋入淀粉勾芡，盛盘即可。一顿饭有地三鲜，让人多吃半碗饭。我吃着母亲做的地三鲜长大，后来跟她又学做这道菜。

二〇一五年六月，客居在重庆北碚，每天高淳海上学校，我出去散步，顺路买回菜。星期六休息，我们商量出去吃饭。云清路上有一家东北馆子，做的菜正宗，店中都是东北人。在外待久了，很想听家乡话。我俩来到这家饭馆，坐在桌前，翻着菜谱，点了锅包肉、大拉皮、东北家常菜地三鲜。

菜上得很快，先上大拉皮，接着上地三鲜。我夹了一筷子，品尝味道如何，做得不错，勾起对家乡的思念。

饮食是一种文化，记录的不仅是美味，而且是人生的各种滋味。记忆中的食味，不管味道怎样，都是丰富的生活情味。食物是小宇宙，将生活中的情感体悟，触动感官神经，不囿于如何享受美食。

我国古代民间立夏有尝三鲜的风俗，当时人们所熟知的地三鲜，指的是苋菜、元麦和蚕豆。此菜传入东北，发生根本性变化，食材改为土豆、茄子和辣椒，三种炒在一起，味道更佳。

　　立夏这一天，我在黄河大堤上散步，听着鸟儿啼叫，树林间有飞鸟翅膀，打得树叶哗啦响。天气越来越热，未走出多么远，浑身汗水湿透。我挺胸抬头，快步向前奔。古人重视立夏礼俗。据记载，周朝时，立夏这一天，帝王率文武百官到郊外举行"迎夏"的仪式。君臣必须穿朱色礼服，佩朱色的玉佩，就连马匹和车旗都要朱红色，以表达对丰收的祈求和美好愿望。立夏不仅是季节转换，也是万物成长的季节。

　　下黄河大堤，经过市场，看见摊位卖茄子。想起有一年立夏，母亲做地三鲜，烙葱油饼。我家住在平房，去后园必须跳窗子。房里踩锅台，窗外摆三块旧暖气片，形成梯子。母亲从这里进入后园，摘茄子和青尖椒，中午做地三鲜。如今又是立夏，母亲已经去世，中午做地三鲜，也是对她老人家的怀念。

酸菜缸

　　清明节，回去给母亲上坟，路上回忆过去的事情。阳台角落，在这个家中五十多年的酸菜缸，积满灰尘，从母亲去世，再也未渍酸菜了。

　　酸菜缸属于中型，一米多高，半米宽。从我记事那天起，它就在家中，夏天盛水，冬天渍酸菜。这只缸具有纪念意义，它是我父母独立门户时爷爷在市场给买的，算做礼物。爷爷认为过平常生活，家中只要有水，有粮食，什么难关都能过去。

　　开始的时候，我没有这只缸高，后来长大，缸中的水由我挑满。冬天和母亲一起渍酸菜，处理好的白菜，一棵棵摆好，压上一块石头。

　　大白菜在古时称作"菘"，它的栽培历史悠久，种类繁多，一些品种耐寒，从古至今，是四季蔬菜的主要角色。唐代刘禹锡写道："只恐鸣驺催上道，不容待得晚菘尝。"关于吟诵白菜有很多的诗篇。

满语中的酸菜，称为"布缩结"，是满族人的传统美食，酸菜是清宫中的名菜。《盛京节次照常膳底档》记载，当年乾隆皇帝东巡来到盛京，膳食中就有肉片氽酸菜。满族诗人顾太清有一首诗《酸菜》：

秋登场圃净，白露已为霜。

老韭盐封瓮，时芹碧满筐。

刈根仍涤垢，压石更添浆。

筑窖深防冻，冬窗一脩筋。

这首诗写出酸菜的制作过程，表达对酸菜的喜爱。寒风呼啸的日子，冰封雪盖，人们很少在户外活动。一家人坐在热炕头上，吃酸菜炖猪肉粉条，或吃火锅，形成一种民俗。酸菜既是大众菜，也上得了大宴，它个性突出，能和多种食材融合，适宜与猪肉制成菜肴——酸菜炖粉条，氽白肉酸菜，火锅酸菜，炒肉酸菜，白肉血肠酸菜。酸菜酸味适口，又吃油腻，能炖，能炒，可凉拌，可做馅。酸菜发出风味别具的酸香，清脆爽口，吃了一次，一辈子赞不绝口。

旧时东北民间有一种说法，家中少不了两样东西：酸菜缸，压腌酸菜的大石头。不论百姓哪家，即使有钱的富户也这样。

二〇一六年一月二十一日，上午读书，被快递员的电话传到楼下，取一个快递《张学良全传》。当年作为关外王的张作霖的大帅府，八角形门内东耳房是张家的厨房。据说张作霖的大帅府，后院仓房沿墙根儿，摆有十几口酸菜缸，即便这样，酸菜还是不够吃。讲究排场是张作霖的一贯作风，他日常饮食十分简单，与他的身世和早年的艰辛生活有关系。他愿意吃高粱米饭、玉米馇子粥、炖酸菜、炒茧蛹，养成个人的饮食习惯。

东北酸菜，酸香味醇、清淡爽口、采用自然抑菌，它有酸香味，所以才好吃。酸菜中的酸香，它是发酵激发蔬菜中的植物糖分解，能促进胃液的产生。这种酸是营养物质，而不是活菌。

我祖母旗人，她做的酸菜炖粉条，有自己的风格，后来怎么吃，都没有那种味道。酸菜炖粉条，做法不复杂，酸菜出缸，切丝清水漂洗，攥干水分。五花肉切成薄片状，土豆粉在水中泡软。将大葱竖向一分为四，拍扁切段，姜同时切片。

冷锅热油，倒入五花肉煸炒，小火炒香，放入姜片和大葱爆香，倒入酸菜，炒至酸香味。倒进清水，加盖大火煮沸，放入土豆粉拌匀，以小火炖，鸡粉调味起锅。

大缸小坛渍酸菜，作为东北的食文化，让人留恋酸菜的滋味。如今东北农村每年秋天延续渍酸菜习惯，城市居民中住着楼房，想方设法弄一口酸菜缸。

在物资匮乏的年代，孩子闹腾，大人从缸中捞出一棵酸菜，从中切开，扒出酸菜芯儿，当水果让孩子吃。酸菜芯儿，酸甜脆爽，使孩子安静下来。

母亲活着的时候，闲唠嗑，她指着阳台角落的酸菜缸——你爷爷留下的东西，今后要好好保存下来，这可是传家宝。

栀子花炒腊肉

网上视频看到何炅和王诗龄演唱《栀子花开》，成为电影《栀子花开》主题曲。

初夏鲁北平原，打开窗子涌进热风。听着这支歌曲，把我带回几年前去诸暨，午饭在一家特色餐馆，上了一道菜，当地的朋友，问大家这是什么菜。转盘走了一圈，每位都品尝过，猜不出菜名。朋友笑呵呵提示，何炅演唱过的歌，因为在南方，当时大街小巷，在播何炅唱的《栀子花开》。我说栀子花炒腊肉，朋友高声说道，祝贺答对了。朋友打开手机，播出《栀子花开》，美妙歌声潺潺而出。

栀子花，又名栀子、黄栀子。栀子花为佛家所重，相传由印度传来，明代画家文震亨《长物志》所云："薝卜清芬，佛家所重，古称禅友。"

栀子树属常绿灌木，枝叶繁茂，叶色四季常绿，花芳香。中医以果实入药，称山栀子，或为栀子。清热泻火，主治热病心烦、热毒疮疡诸症。清代文学家、戏剧家李渔的《闲情偶寄》，是对生活所得所闻的总结性著作，对栀子花记曰：

栀子花无甚奇特，予取其仿佛玉兰。玉兰忌雨，而此不忌，玉兰齐放齐凋，而此则开以次第。惜其树小而不能出檐，如能出檐，即以之权当玉兰，而补三春恨事，谁曰不可？

李渔说栀子树小，又无惹人的奇特之处，所以只能做玉兰的"替代品"。从另一角度说，这样比较，有点不公平。

朋友老家在农村，摘过栀子花。趁清晨太阳初映，野露挂叶上，花新鲜芬芳。摘回来的栀子花，去掉叶和花蒂，不能马上炒菜，先放水中浸泡。

听完朋友介绍，对此菜进一步了解。吃一口菜，栀子花在口里清香，又有腊肉香味和辣椒香，色香味俱全。中午大家吃得高兴，来江南品尝栀子花炒腊肉，从中寻出内在的文化。下午朋友陪着游玩浣纱江。诸暨早有耳闻，历史上出一个西施，想必这个地方山清水秀。我去金华开会，途经时朋友介绍说西施的家乡，两次经过此地都无机会游玩。

诸暨是古越文化发祥地之一，在这片土地上，有着众多的古代文化遗址。出土的大量文物表明，远在新石器时代，就有古越先民在此生活，养育一代代人。面对一条古老江水，面对古老文化的土地，了解更多的诸暨，去看西施的故居。

浣纱江清晨安静，雾气在水面上流动，两岸建筑物醒来，城南的苎萝山下，河对岸是人们为了纪念西施在她的故里修建西施殿。读了很多关于西施的故事，真的来到她的家乡，却有梦一般感觉。坐在窗前，望着江面上一艘白船移动，前尘往事，一阵阵扑来。

终于和文友沿江边游览，向对岸望去，角度的变化感觉不同。走下一级级台阶，在江边遇上一组浣纱塑像，江水在脚下流淌，有游客忙着拍照，想在落日之前，留下一影美好纪念。我们加入队伍中，左拍右照，听着江水拍岸声，回味李白诗"西施越溪女，出自苎萝山"。循着步道往前走是临时栈桥，文友说为了安全，也为了江面清扫船通行，晚上它收起，明天恢复原样。扶在护栏上，注视江岸边上的浣纱亭。矗立的石上镌刻"浣纱石"字样。江畔的浣纱石，传说为西施浣纱处，在这里，西施与范蠡订下百年之好，当地人又称浣纱石叫"结发石"。南宋文学家王十朋来苎萝山下，游鸬鹚湾村，望着一江水，不无动情写道：

一林春色自啼鸟，两岸夕阳伴钓舟。

杨柳堤边空怅望，石岩花畔且迟留。

他在黄昏时节，站在江边怅望，没有等到西施浣纱来，杨柳徒然在风中拂动。

而此时，几个妇女在江边洗衣服，她们不是浣纱，对于拍照没有大惊小怪。我们感到新奇，对着她们一阵乱拍，在浣纱石边洗衣服，心情不同，这是当年西施浣纱的地方。

走在栈桥上，江水在桥下流过。桥上只供过往行人，没有车辆来往，人随着性子走，不必担心安全。游人身子俯在桥栏上，

南甜北咸：人间至味是清欢

注视流动的水。目光在河面上漂浮，河风扑面，留下复杂难言的心绪。

一条河是厚重史书，记下曾经来过的人、有过的事。江水送浪声是倾诉，面对江水，使我进入另一种历史，寻找遗落细节。暮色酒透，在江面上空漫散开，情绪受感染，有了淡淡的忧伤。我等待明天，同文友们去西施故居游览。很长时间，想多停留一会儿，人未离开桥，思念升起。走出栈桥，沿着游步道，爬上盘绕错落的阶梯，就能来到西施亭，这里和浣纱石融成一处江边美景。

夏天的早晨真舒服。空气很凉爽，草上还挂着露水，写大字一张，读古文一篇。夏天的早晨真舒服。

凡花大都是五瓣，栀子花却是六瓣。山歌云："栀子花开六瓣头。"栀子花粗粗大大，色白，近蒂处微绿，极香，香气简直有点叫人受不了，我的家乡人说是"碰鼻子香"。

栀子花粗粗大大，又香得掸都掸不开，于是为文雅人不取，以为品格不高。栀子花说："我就是要这样香，香得痛痛快快，你们管得着吗！"

人们往往把栀子花和白兰花相比。苏州姑娘串街卖花，娇声叫卖："栀子花！白兰花！"白兰花花朵半开，娇娇嫩嫩，如象牙白色，香气文静，但有点甜俗。

奔波一天，晚饭后回酒店房间，倚在床头，回想汪曾祺有过一段写栀子花的文字。

腊肉不仅湖北、四川、湖南、江西、云南和贵州都有，也是甘肃陇西、陕西的特产，已有几千年历史。

腊肉种类不一样，产地文化和加工方法也各有特点。而栀子花又可做许多菜，凉拌栀子花，栀子蛋花，栀子花炒小竹笋，栀子花鲜汤。

近几年人员流动，物流快速发展，南北饮食文化交融，食店中经常可见腊肉菜品。

豆角盖被

东北一个多民族杂居的地方，独特人文和自然环境，各地饮食相似，炖是贯穿东北菜的灵魂。

豆角在东北人心目中有特殊地位，高淳海出生在延吉，长在济南，饮食习惯受家庭影响，骨子里的东西无法改变。二〇一九年四月，我去北京看他新住处，饭后唠嗑，说起东北菜，他对油豆角炖排骨感兴趣。我说不光豆角炖排骨，小时候，吃姥姥做的豆角盖被，以后未再吃过。他一听这个名字，更有谈兴，豆角盖被怎么做？好吃吗？

我姥姥做菜和性格一样，属于豪放派，很少见菜做得细腻。姥姥家的豆角地，在井沿儿边。每次三舅去挑水，摘下扁担，挑上水筲，不论刮风下雨，来到井沿儿打水。我喜欢晴天，看井中的水面和漂浮水中的眼睛。我们彼此对望，看到自己的眼睛被水托浮，感觉到陌生。我只要和三舅来井沿儿，便争着往上拽水。三舅不需要井绳，他把筲挂在扁担钩上，筲接近水面，手腕一抖，筲斜倒水上，水一下下流进筲中，不一会儿筲灌满。拉起水筲，几下拽上来。我需要井绳，有一次学三舅的样子，筲挂扁担钩上，倒在水上，筲和扁担钩脱离在水上漂。我急得晃动扁担钩，几次要钩上，它有意躲开。水中眼睛里显露出焦虑。心躁手乱，根本不听使唤，我恨不得跳下去，用手把它挂上。三舅接过扁担，挂上水筲，拉起满满的一筲水。筲中溢出的水砸在井水面上，荡起水花，浮水上的眼睛荡来荡去。从此后，我用井绳打水，这种粗麻绳，一端接着"8"字钩。侧面有弹簧舌，摁一下张开，筲梁伸进，松开弹簧舌，锁住水筲，怎么晃也不会出现脱钩。

　　井沿儿越来越近，什么都听不到，浓雾中通过声音辨别方位。隐隐地看到三舅的身影，他俯在井口，我喊了一声："三舅。"他应答一句。三舅打小半筲水，扁担搭在井口的木框上，说道："洗洗脸吧。"我的手靠近筲口，三舅倒出水，我接了一捧水，胡乱往脸上抹。水冰凉窜满全身，打了一个寒战，不禁地想尿尿。

豆角地在井沿儿边上，架子上落着许多蚂螂。抓着抓着，跑进豆角地中。只要姥姥挎起柳条筐，就知道她摘豆角。我急忙穿好鞋，跟着去地里玩儿，对豆角的认识是从这里开始。

"翻白眼"，豆子个头大，吃起来很面；"大马掌"，表面带紫色的花纹；"一点红油"，肉质厚，表皮略带红色；"五月鲜"，从名字上看，一目了然，肯定五月下来，每年最早吃到的豆角；"白大架"，又称白不老，也叫老来少，颜色青白，豆粒较大，炖五花肉好吃；"家雀蛋儿"，豆荚面有花纹，豆粒儿饱满浑圆，形状和麻雀蛋相似。"老母猪耳朵"，小的叫猫耳朵，油豆角一种，扁形，又宽又短。

清晨时分，豆角地里露水大，走进去打湿裤褪。我不是摘豆角，是去捣乱的。白蜡杆搭成的人字形架，攀爬豆角秧。茎蔓结满豆角，我见一个就摘，不分品种。姥姥说混一起回去分费事，问今天吃什么——摘这个豆角。

摘半筐够吃，走出豆角地，来到井沿儿，姥姥找一块石头坐下，卷起一颗烟抽起来。烟在脸前扩散，她眯着眼睛，注视豆角地。姥姥在这里摘筋，用井水洗干净豆角。井沿儿是取生活用水的地方，姥姥说过去正月十五晚上，要到井沿儿打滚，以此祛除邪祟。满族有扔冰习俗，凿下来的冰扔井里，以此祈祝把病扔走，一年无病无灾。

从井里打出水，痛快喝几口，听着姥姥讲过去事情。我问中午豆角怎么吃，姥姥说豆角盖被，我以为开玩笑话，因为没有吃过，也未在意，中午果然是豆角盖被。

姥姥把面板铺在炕上，炕头黑陶盆发好面，揉成面团，擀成大饼。豆角在井沿儿边洗净，土豆削皮，切成滚刀块。

炒锅倒油烧热，开小火，放葱蒜爆出香味。放入大酱，豆角和土豆下锅，翻炒一会儿，加盐，加水没过菜。

大铁锅炖菜，铺上擀好的薄饼，盖上锅盖，用大火烧开。豆角刚入锅翻炒时，放入少量的小苏打，这是关键一步。油豆角是东北特有的豆角，形状较扁，富含氨基酸、多种维生素。油豆角含纤维较多，需炖时间长，肉香渗入豆角里，更有营养。炖不烂口感不好，更容易中毒。

清晨起来，我出去散步，高淳海住处在丰台区，周围环境陌生。我以小区门找个坐标，走出去多远，不会找不回来。走出大门往左拐，有一条向南路，沿着这条路朝前走。前面有一家百姓菜篮子，进去看有什么新鲜蔬菜，一些家常菜和水果，发现卖东北油豆角。高淳海说的豆角，我买两斤，中午排骨炖豆角。可惜做不了豆角盖被，因为他刚来北京，生活用品不全，没有面板，无法做面食。多少年后，没有想到，我在北京做了排骨炖豆角。

老厨家味道

上重庆北碚之前，高淳海在电话中说，云清路上新开一家东北饺子馆，如果我再去，要到这家馆子吃一顿，品尝东北菜。不用询问，在众多的东北菜中，一定有锅包肉，这是必不可少的菜。

二〇一五年十一月，我来到北碚半个多月，一直下着小雨。走出楼道口，就要撑起雨伞，我这个北方人，感觉眼睛里堆积阴湿，身体上长出苔藓。

从手机天气预报，读到明日晴天，而且有太阳出来。消息令人兴奋，其实这在北方属寻常的事情。夜晚躺在床上，看到墙角竖立的合拢的黑伞，如同一枚干枯花瓣。伞一接触到雨水，便有了灵性，找到诗意的栖居。

第二天，果然大晴天，缙云山露出真实面貌，狮子峰抖落湿雾的缠绕，享受阳光的爱抚。站在阳台上，望着远处的山峰，我和高淳海商量，决定借着好天气，出去散一下心。九点多钟，走出美翠佳园小区，沿着云华路向缙云大道走去。绕过去是云清路，路边有片竹林，忍不住伸手摸竹子。我问过环卫工人，她说着一口重庆话，说不出竹子的名字，后来问一个过路老人，他说这是小琴丝竹。

我们俩一路闲聊，让太阳晒在身上，看着那个大太阳，激动得控制不住自己。这是与久别的太阳相逢，宛如黑暗中看到一烛光亮。

我们来到高淳海说的东北饺子馆，离午饭早一点，饺子馆里客人不多。墙上贴着大幅的菜谱，选择临窗位置。女服务员拎着茶壶过来倒水，她二十多岁，说一口东北话，交流中她说来自哈尔滨。难得的好天气，听到东北话，吃一顿老家菜，一切都是那么亲切。

拿起桌上的菜谱，从头至尾读一遍，我点了地三鲜，他要一盘锅包肉、东北大馅水饺。这里临窗，看到云清路上来往的车辆及过往的行人。地三鲜很快上来，菜香在桌子上升起，夹一筷子入口，味道不错。高淳海出生在东北边陲的延吉，长在山东济南，由于受家庭影响，喜欢东北菜。锅包肉是他的偏爱，只要到东北菜馆都点锅包肉，对这道菜有瘾，不吃一顿，没有去过一样。

有一年，去宁古塔的路上，坐在火车上，读哈尔滨朋友送的文史资料，其中有关锅包肉的资料。在清朝的时候，辽宁省建昌县有一个旗人，名字叫郑兴文，他父亲郑明泉是京城富有的大茶商，六岁随父亲来到北京。从小家道殷实，良好的家庭环境，让郑兴文对饮食偏爱，对各种菜肴加以自己的点评。后来他拜淮扬菜传人陈才保为师，经过几年的刻苦学习，他终于出徒。清光绪七年（1881 年），郑兴文在北京的东城东华门大街，单门立户开了"真味居"酒家。生意一天天好起来，就在对未来充满希望时，不知什么原因，他得罪了宫里的太监总管，厄运从此开始，小店莫名其妙被砸。他感到在京城不能待下去，否则要出大事。这个时候，黑龙江中外交涉局总办郑国华大力举荐，他带了几个厨子离开京城。一九〇七年，郑兴文举家来到哈尔滨，进入滨江关道衙门，给首任道台杜学瀛做主厨。我看到过正四品杜学瀛的老照片，头戴无檐、喇叭式的顶戴花翎凉帽，一张长脸，浓眉大眼，嘴上留着胡须。他出门乘坐一顶轿子，前呼后拥很气派，家中有一个名厨，彰显自己的身份和地位。

道台府里是社交的地方，经常宴请国外宾客，尤其邻国的俄国客人多。俄国人喜欢吃甜酸，杜学瀛为了迎合客人的喜好，叮嘱厨师郑兴文调换菜肴的味道。其实他早已注意到这些，琢磨咸鲜口味的焦烧肉条，改为酸甜口味，这一改良，创出东北名菜，哈尔滨成为锅包肉的起源地。郑兴文在道台府期间，又研制出独具风味的道府晾肉、樱桃肉、口福肘子、多子多福菜肴。一九一九年，由于年龄的原因，不得不离职，他在道台府工作十二年。

锅包肉这道菜一出笼，俄国客人非常喜欢，每次吃饭都点。菜名是中外混搭，锅包肉必须用急火快炒，铁锅烧热，汁淋透肉内，所以形象地称为锅爆肉。再说俄国人，发"爆"音为"包"，时间一久，锅爆肉改口为锅包肉。东北人口音的关系，大多数人都叫锅包肉为锅包儿肉。这一个圆润的儿音，让人感觉菜的脆嫩。

二〇一六年五月二十一日，我来到哈尔滨的第二天，刘丽华陪同去道外区北十八道街滨江关道衙门，俗谓道台府，一百多年前是哈尔滨最高级别的行政机构，是我国封建王朝建立的最后一个传统式衙门。初期它的权限非常小，只负责铁路交涉事宜和督征关税，没有具体的管辖地域。后期升为"吉林省西北路分巡兵备道"，成为清政府最北方的权力中心，掌管哈尔滨及周边府县的政治设施、财政运作等事宜。

道台府的大门，立于两层三级台阶之上，青墙灰瓦，乌梁朱门，门两侧的石狮，显示衙门的威严和权力的庄重。

一座混合建筑体，融合传统与地方建筑特色，呈对称布局，左文右武，前衙后寝。南北轴线长七十丈，东西宽四十五丈。我站在大门前，望着门楣上的匾额，迈过高大门槛，走进历史中。维特根斯坦指出："记住好的建筑物给人的印象，那是在表达一种思想，它使人想要用一个姿态做出反应。"就是这个院子，当年在厨房的灶间，郑兴文用自己的情感和技艺，创造出名菜，征服一代代人口味。

有一次回延吉，家里的人欢聚一堂，大姐亲手做锅包肉，我在一旁欣赏制作过程。猪里脊肉切成大片，大约有三厘米，撒入适量的盐拌。加水泡透淀粉，淀粉沉淀，放到装肉的碗里抓匀，葱姜切丝，蒜切片，香菜梗切成小段。待烧至七成热，挂好淀粉的肉片入锅，炸三分钟左右。肉的外表挺实，待油温上升，下入肉片重新炸。糖、醋、酱油和香油作料调和，肉炸脆捞出，锅留一些底油。葱、姜、蒜炒出香味，炸好的肉片入锅，烹入糖醋汁，翻炒均匀，撒上香菜梗，出锅装盘上桌。吃起来脆嫩的锅包肉，没有特殊的食材，做起来要耐心，必须经营每一道工序，不能随便应付了事。

"口之于味，有同嗜焉"，锅包肉取材简单，做出来十分好吃，成为文化符号。口味把我们和历史相连。每一道菜不是断片，它是一个故事，沿着一丝的痕迹，我们找到真实的历史。盘中的小空间，游荡着激情。

有一次和朋友喝茶聊天，他历数吃过的东北菜，唯独不提锅包肉。我觉得他对东北菜的了解，只是皮毛上的，不真懂得这种历史悠久的饮食文化。

　　窗外天空晴朗，听着女服务员的家乡话，她端上锅包肉。菜香味弥漫，夹起一块锅包肉，入口的味道，让我回到东北老家。高淳海咬一口锅包肉，说了一句话：做得还不错。我在重庆的北碚，吃了一回锅包肉。

土鱼"船钉子"

东北淡水鱼有"三花五罗十八子七十二杂鱼"的说法，船钉鱼为江河小鱼，满语为哈达罕，学名蛇鮈。头大尾小，船钉鱼的体形，如古代造船使用的钉子，所以称为船钉鱼。

炎天酷暑中的平原，蝉声一排排扑来，占据耳朵不肯退去。几年前读《乌拉古镇》，在眼前纠缠，不肯散去。《乌拉古镇》书中有多幅照片，前面多一个老字。我无法抑制惊奇，看松花江上的木排队，气势宏大，挤满江面上。乌拉这座女真古都，距今天有五百年的历史，它的出现，才有了吉林船厂。吉林是北流的终点，漂流的木排和船只，汇集吉林的松花江上，一山三江的文化由此诞生。造船所用的材料，大都是从长白山采伐，依靠江水流放而来。帮夫们粗野小调，苍天阔水漂荡，引来岸边人的眼光。他们与水相存，熟悉水的脾性，一生离不开这条江。我的目光穿越时空，越过关帝庙古老的青砖墙，凝固在时间中的建筑，它是文化的符号，留下过去人的气息，也留下历史。

二〇一四年七月十六日，父亲因身体原因，住进省立医院保健楼。每天上午输液，我帮父亲沏一杯茶，放在病床旁的小柜子上，空气中药味和茶香混在一起。听父亲说过去的事情，一说到童年，他的叙述变得缓慢，叩响记忆大门。阿德勒指出："在所有心灵现象中，最能显露其中秘密的是一个人的记忆。"唤起各种记忆，梳理过去的事情，修复被时间切断的碎片。他说起打牲乌拉衙门第三十一任总管赵云生的私宅。

他童年就读的慈善会幼儿园，在松花江右岸。园的北面，一排高大圆形的积谷仓，积谷仓的门房，便是孩子们的教室。向北望着赵家后府，肃穆、庄严和高大的姿影，尽收眼底。

孩子们喜欢去后府门前玩，藏猫虎、开仗、跳格子，大门的照壁，雕着海天日出，镂工极致，虬龙夭矫，云水浮叠，中间为"当朝一品"四个大字。门楼森严，走进去有特殊感觉。

"坐镇雍容"金字匾额，高悬屋子的正中间，大人们津津乐道，很有自豪感地说，它是奉天将军依克唐阿、黑龙江将军长顺、吉林将军德英联名赠送。抬头仰望，金漆彩绘，檐下有"天宫"和"福禄寿"浮雕，而门两侧墙壁上，嵌着汉白玉的象鼻形马桩，门前两侧是光滑的上马石。

走进后府，一进又一进的四合院，院中赏月亭、养鱼池、假山、玉桥，以及名贵花草，透出无限的神秘。庭院不仅供生活居住，而且是生命的载体，在每一件物具中，寄托主人的精神。后府的山墙，成方形，山脊和垂脊都是青色磨砖，墙壁上腰花特别漂亮，有富贵有鱼、双喜花篮、串枝牡丹、琴棋书画。

后府内门紧闭，记忆中似乎从未打开过，只能从门缝向里观望。带有风铃的烟囱，上面的风楼，远看是塔尖，四角挂有铃铎，不同风向吹动，发出不一样音响，据说每次风动音响，都是演奏一首古曲，路人随着哼唱。

父亲不止一次说过松花江的鱼，船钉子鱼酱味道好极了。鱼洗净，放少许油烧热，把鱼放锅里煎。加入葱、姜末和蒜末，扒拉几下，需倒入大酱。咕嘟几分钟起锅，漫出酱香诱人的味道。

说过冰上客栈，它已经变成历史的传说，很少有人提到冰上客栈。父亲坐直身子，端起杯子，喝了一口水，继续讲童年事情。

　　父亲和小伙伴们穿着靰鞡，在雪后的江面玩耍，看到浑然天成的"水院子"——冰上客栈。它是在冰山凿出窟窿，插入木杆或木板，然后用水浇筑，借助寒冷的天气冻实。冰墙围成一个大四合院，门设进出两个口，分上行道、下行道。院内有马棚、马槽，不用卸车、卸爬犁，就可以饮马、喂料。爬犁的费用两三毛钱，一个人住宿费，花五六毛钱，实在没有，用农副产品交换。伙食通常是馒头、高粱米、粳米饭、冻豆腐炖粉条、满族风味的白片肉。当时有个叫杜罗锅的爬犁店，饭菜标准高，每顿四个菜，通常有酸菜余白肉、炖粉条，两个金饼，白酒管够。

　　父亲又说道，在九台市龙嘉镇草城子村东两公里处，一个靰鞡草城子，老人相传说，屯中有一处辽金时代的古遗址，十二三公顷正方形的地界，边长三百米，夯土结构。城内杂草丛生，以靰鞡草为多，人们根据这自然现象，叫靰鞡草城子。他向我推介《乌拉古镇》，父亲打小生活在乌拉街，耳闻目睹过很多事情，书中图片拍的点位，是他小时淘气的地方。下午在医院不治疗，我们请假回到家中。父亲进门没有坐下，就从书橱出找出这本书。父亲出院后，我将书带回滨州，在书中行走乌拉古镇，后府的檐角上挂的风铃。对于远去的事情，我们无法重新回到过去，仅凭文献不够，图像能帮助我们见到真实原景。

吉林为满族发祥地，皇室的祭品多取之于松花江两岸，东珠、人参、蜂蜜、松子、鲟鳇鱼，几乎囊括全部土特产。顺治入关不久，在吉林设置打牲乌拉总管衙门，它与南方的"江宁织造"并驾齐驱，成为皇室两大贡品基地。大名鼎鼎的吉林果子楼，是吉林将军衙门设的专门管理贡品的机构。二百多年间，果子楼把上千种贡品送往京城，供皇室享用。"打牲采捕贡品名录"中野生植物类一项中就有"人参、百合、山药、韭菜、小根菜、松子、松茸、靰鞡草、蘑菇、木耳"。

一九一一年，宣统三年，给清朝廷的贡品停止进贡，果子楼名存实亡，民国初年，果子楼彻底消失。

看了父亲讲述的老建筑——后府，心情沉重。中午当地的朋友，在乌拉街一家餐馆，请我们吃一顿家乡饭，其中有油炸船钉子。菜上来后，我望着盘中炸得焦黄的船钉子，这就是父亲说的松花江鱼。朋友看了以为鱼小，怕有刺扎，他说不用担心刺，这是满口香。

幺麻子

吃是一种文化，谈吃不能以吃论吃，舌尖上味觉，背后隐藏的故事，比菜滋味更重要。我来到了北碚，餐桌上见识新鲜东西，花椒油、幺麻子、保宁醋，调味的小作料，看似普通，其中各有自己的血脉之源。

我常去雄风超市，门前是缙云风情步行街，不远处是卢作孚地铁站入口。

在这家超市，第一眼见到幺麻子藤椒油，觉得它招人喜欢。尤其一个"幺"字，如同窜动的一朵火焰，搜索幺字解释：小，排行最末的：幺叔、幺妹、幺儿。幺也是较早的一个姓氏，南北朝的《姓苑》有记载。这个姓氏的人，大多分布于山东冠县、唐山、南京浦口等地，四川只是小部分。"幺"字在重庆话中发二声，与普通话不同，一样的字，说出很大的区别。

幺麻子藤椒油造型独特，扁平的瓶子，中间凸出，恰似双手掐腰的小人。黑色的瓶盖，看上去是个小脑袋，深情地注视远方。拧开瓶盖，椒油味疾速往外钻。藤椒，又叫香椒子，它是灌木类。树木暗灰色，身上多有刺，不长毛，单粒复叶丛生，花开得小而多。结得果实油质丰富，味香芬芳挥发得快，口感香麻。

明代药学家李时珍在《本草纲目》中指出："其果入药具有散寒解毒、散瘀活络、消食健胃、增进食欲之疗效。"在藤椒之乡洪雅，流传着这样的传说："清顺治元年，即公元1644年，绰号'幺麻子'的厨师赵子固，从洪雅瓦屋山迁居到止戈柑子场，发现当地村民利用藤椒烹制菜肴，便潜心研究民间藤椒油秘制技艺，最终研制出色泽金黄透明、清香扑鼻、悠麻爽口的'幺麻子藤椒油'，成为当时民间宴席必不可少的调料。"调味油进菜椒香，入口微麻，回味绵长。幺麻子藤椒油适用于餐桌拌菜、火锅、面食、鱼类烹制的调味。

在北方每次吃水饺，调制的蘸料——放入蒜酱、韭菜花、炸好的辣椒油，倒一些鸭梨醋，放上芥末油。来到北碚以后，我没有再买芥末油，改吃幺麻子藤椒油。环境变化，食碟中的蘸料，也有新东西加入。一盘热饺子上桌，红椒油、黄的幺麻子藤椒油和味美鲜调和，形成与众不同的蘸料。麻味清香，口中融化，有悠长的怀念。

姜太公鱼芹

广饶为姜太公封地，大王镇西营一带盛产毛笔，早在两千多年前，就有了齐国笔乡的美誉。齐毛笔与浙江湖笔、安徽宣笔、河北衡笔，称为"四大名笔"。

九十年代末，朋友老家在广饶，有一天，请我们去老家帮搬家。他父亲家从老房子搬新家，有两千多米的距离，用小型厢式货车，来来往往十几趟，体力透支。中午时分，安排附近饭店吃饭。席间上了姜太公鱼芹，他父亲知识分子，讲菜的来龙去脉。在这块古老的地方，鱼芹系鲁菜特色菜，和姜太公有关系。

我们品尝美食，听着古老传说。周朝的姜子牙在商纣王朝覆灭后，被周武王封为齐国营丘，就是现在的广饶。姜太公推行"便鱼盐之利"的兴国策略，发展养鱼和种桑，鼓励百姓制盐，使齐国民富国盛。

姜太公有钓鱼的嗜好，钓来鱼亲自动手做。一种做法，吃得时间长，缺少新鲜感，想办法变花样，剔去骨头，鱼肉与蔬菜同炒，以此菜招待客人。味道鲜美的鱼肉炒青菜，赢得客人赞赏，称赞姜太公烹鱼新方法，做出绝句："齐民富国盛，姜太公鱼勤。"后人觉得"勤"改为"芹"更准确，便有了此菜叫法。

听朋友老父亲讲传说，夹一口菜，回味鱼与芹菜相融，鱼肉洁白滑嫩，芹菜味浓。我小妹夫做菜手艺高，他对鲁菜有研究，会做姜太公鱼芹。每次回济南家聚会，他都要做此菜。做的时候，我在一旁观望，从配料到制作过程，看过几次，曾尝试学着做。

清代美食家袁枚说："厨者之作料，如妇人之衣服首饰也。虽有天姿，虽善涂抹，而敝衣蓝缕，西子亦难以为容。"姜太公鱼芹将草鱼肉划出花刀，切成骰子块，各种调料腌制。鸡肉剁成馅，加上葱和姜水顺时针搅打，加鸡蛋搅匀。猪肥肉末、芹菜末、荸荠末加在一起，干淀粉调匀。清代诗人张雄曦在《食芹》中写道：

> 种芹术艺近如何，闻说司官别议科。
>
> 深瘞白根为世贵，不教头地出清波。

　　芹菜是普通的蔬菜，可热炒，又能凉拌，深受人们喜爱，具有药用价值。芹菜草本植物，夏天开白色花，茎叶可以吃。又有一种旱芹，香气味足，俗名药芹。荸荠，营养丰富，用来烹调，可制淀粉。几种普通菜来源于大地，它们和鱼交融，经过锅中高温翻炒，形成一体，产生新的味道。鱼芹盛于盘中，一端置姜太公钓鱼形象。

　　我每次去酒店吃饭，经常点姜太公鱼芹。菜上来后，察看菜的形状及生姜刻的姜太公钓鱼像。这是菜的标志，从刀工中体现不同厨师对姜太公鱼芹意境的理解。

老食店

干煸四季豆，我来重庆偏爱的菜，麻辣浓郁迷人，吃过后，留有滋味回荡。干煸这个词，在北方菜中很少出现。干煸就是北方人说的干炒，短时间加热成菜的方法。

偶然在老食店简易的菜谱上，看到这道菜的名字。干煸和四季豆组合，形成诱人的想象力，它们与饥饿纠缠不放，斗得难解难分。马路对面是通向缙云山的路口，上午找寻梁漱溟旧居，在金刚碑没有觅到，经张若华老人指引，我们搭公交车来到三花石。

二〇一四年九月二十一日，难得大晴天，经过阴雨的遮蔽，太阳终于露出脸。早饭后，我们走出小区，在云华路上，打了黄色出租车，直奔金刚镇。

青石板街和溪水并肩而行，小镇建筑在两旁山坡上，随地势修筑。街头是传统的门斗，两扇旧木门，很久无人走动，门槛被野草淹没。我和高淳海商量，这家肯定是大户，从房子规格到建筑布局，小户人家修不起这么大的气势。我从窗子向里观望，空荡荡的房子除了垃圾、射进的阳光，生活痕迹看不见。群山环抱，临水小镇，常年被雨雾笼罩，湿气弥漫，阳光变成渴望。

　　街右下侧一条沟谷，溪水顺地势向下游流淌。路边护栏墙，由于水汽作用，爬满苔藓，摸上去滑腻腻的，凉浸骨髓的感觉。我有些失望，找不到梁漱溟踪迹。一座小石桥跨过溪水，对面原来一堵石墙，现在被封死。拱形的门洞塞满石块，阻断路的去向，上面原来是一所学校，也许是梁漱溟创办的勉仁书院？过了溪水是一条小路，走出不远，出现上坡的台阶，从场面上看，很长时间无人走过。旁边是黄桷树，围绕半人高杂草，我迈上台阶，一只大蝴蝶飞来，落在草茎上，黑底蓝色条纹。它带来了意外的惊喜，镜头对准蝴蝶，未等调整好，它突然飞走。如果是梁漱溟，或梁实秋和老舍，在野山野水的金刚碑遇到它，会写出什么样的文字？走上台阶的最后一级，扒着门缝瞧，视野受限制，里面没有什么。读资料出现偏差，还是记忆有问题，走遍金刚碑古镇，不见梁漱溟的踪迹。

一点收获没有，梁漱溟旧居只存在资料中，在古镇上发现不了痕迹。跑出一身汗，风景优美的环境中，坐茶馆喝一杯茶，也算不白来一趟。重新走过小桥，在青石板街旁，有一家龙溪茶馆。茶馆无门，开放式的木质结构，我选择靠窗口，俯瞰沟里的溪水，一路欢快向下游流走，汇入嘉陵江中。一簇簇野草长在溪水边，带着野性质朴。水间凸出的青石块，欢迎它们的到来，溪水以它的温柔，热烈地拥抱，发出清亮的话语声。

秋风吹来，身上汗消散，向对面窗外观望，就是青石板街，可见到刚才拍照的村公所，还有一家粮店。

走了大半天，梁漱溟旧居的影子未找到，不免有些失落。我来是探寻大师的旧居，阅读积攒的激情，被沟中溪水冲走。走进简朴茶馆，坐在条凳上，喝山溪水泡的清茶，品清馨的茶汤，听着飞来鸟鸣，溪水喧嚣，情绪平稳下来。经过询问，茶客张若华老人，指点梁漱溟故居的方向。

我们在公路边上，乘公交车来到三花石，我原来不知道有这么个地方。肚子咕咕直叫，过了吃饭的时间。路边有一家老食店，五个半小时后，坐在临街边的位置，一边吃饭，看着街上往来的人流和车流。顺便向店主，打听花房子的位置。店主操着重庆话说，就在隔壁疗养院。

店面不大，摆放几张方桌、条凳，它与金刚碑茶馆的桌凳不同，少了时间的记忆。我们点了干煸芸豆、回锅肉、丝瓜肉丝汤，盘子不大，由于上午的奔走，肚子空空的，很快把菜一扫而光。

老食店吃的干煸四季豆，清香鲜美的感觉，这道川菜，只是普通的家常菜。它的做法，技术含量不高，通俗易学。此菜关键是煸，成功与失败在火候上。没有特殊的食材，一般的市场都能买到。四季豆择洗干净，切成段状，猪肉切成末，虾米、葱、姜、蒜切碎，作为配料。四季豆放入热油锅，过油捞出，锅内留一些油。投下肉末煸炒，再放入虾米、姜末和四季豆。火不能大，中火干煸片刻，加高汤，收干汤汁。淋浇麻油，撒上葱花，出锅装盘。

主要食材四季豆，就是北方吃的豆角，重庆叫四季豆。它还有许多的叫法。四季豆原产美洲的墨西哥和阿根廷，十六世纪末，引进我国栽培。四季豆为人们喜爱，它有丰富的蛋白质和多种氨基酸，经常食用健脾胃，增进食欲。传统中医认为，豆类蔬菜性平，具有化湿补脾功效。

姥姥家炖的豆角，那种味道怎么也找不到。落地灶坑，烧大块的柈子。铁锅中烧开油，放上大段葱花、大片姜、大块蒜，炒出香味，投入豆角，然后倒一瓢水炖。典型的东北吃法，食材差不多少，工序不同，两种做法，口味相异。饭后有了精神，我们离开老食店，沿着路向前走。向右一拐，看到疗养院的大门。

伊通河边的美食

一

圣嘉自由港商务宾馆，在长春经济开发区北海路上，从外表上看，它不过是个普通的宾馆。二〇一五年一月十二日，我从重庆坐飞机，历时五个半小时来到长春，住进这家宾馆。从西面距离不过两个路口，便是闻名历史的伊通河。

我在北碚读民俗学家施立学的《千年古运伊通河》，一年前，在关注伊通河，准备有机会探访，在古老的河道，追寻历史的踪迹。伊通河是松辽平原上的千年古水，随着不同的时代，这条河的不同记载，名字不断发生变化。在金史上伊通河称为益退河，到了明代，它又叫做一秃河。源于满语转译而来，翻成汉语，就是洪大汹涌，或译为山雉，俗称野鸡。

在神话传说中，山雉是善鸣的吉祥之鸟。伊通河被人们这样称谓，从山密林中山雉众多的缘故。清朝以后，这条大水称伊通河。我在客居的斗室中，守望窗外远处的缙云山，梳理伊通河过去的名字，每一个字，都是充满真实的情感。当它们排列在一起，呈现的不仅是一条大水的过去，更是浓缩历史。

伊通河作为千年运粮古道，它在东北的历史上，有着重要的位置，不仅养育一代代人。海西女真扈伦四部，叶赫和辉发两部的发祥地，在伊通河流域内的璋地。"璋"是满语，翻译过来的意思，指两山间的狭隘地带。伊通河上游的阿木巴克围场，是供朝廷打猎的地方。时间过去这么久了，很多东西成为记忆和传说，文献档案中很难查阅。现在仍然能看到围场昔日的情景，残存的边墙，封堆、烽台、老营房的遗迹。横跨伊通河的北大御路，东北著名的边墙柳条边。

二〇八房间，面临北海路，深夜变得安静，偶尔有汽车驶过，撕破冬夜的寂静。我离开东北三十多年，很少在这个季节回来。关掉床头灯，躺在床上，听不到伊通河水流淌声，脑子里却装满各个时代不同叫法。

早饭在地下商城的美食摊上吃，一碗酸菜汤，分食盘上，有炒干豆腐，两种家乡菜，是我百吃不厌的菜。酸菜典型的满族传统食品，二〇一四年六月，我来长春做田野调查，住在这条街的蓝月亮宾馆，第二天去其塔木，拜访民间剪纸艺人关云德，他写过很多关于满族文化的文章，其中有一篇《酸菜》。

早饭后，没有立刻返回宾馆，而是由朋友陪着，穿越一条街，越过老式小区，从一扇铁栅门，中间两根铁条锯断，能钻过一个人。钻过去就是湿地园，这是伊通河穿过，甩下一段小水汊子，时间长了，形成一个泡子。另一侧的大坝外面，就是古运伊通河。

前一段时间，长春下了一场雪，残留的雪，经过阳光映照和风吹拂，不那么新鲜了。湿地园的水面积着厚雪，来往的人在冰面穿过。沿湖修的木路，被人清扫得干净。围水种下的紫椴、金叶榆、李子、桦树、椴树、山楂树、珍珠绣线菊、紫丁稠李、黑皮油松、桃叶卫茅、京桃，脱光叶子，在寒风中显得孤独。细长的桦树，树身上的"眼睛"，眺望对面的伊通河。

我走下木路，踩着积雪，听着嘎吱作响的雪，奔向一棵桦树，脱掉手套，抚摸它的身体。

我来到长春的第二天，看到伊通河，听不到流淌的水声。汹涌之河，此时在雪下安静冬眠，等待春风游荡。

二

二〇一五年一月十三日，我由朋友陪同，一起去农安看伊通河尾，在一个叫三汊口的地方，它汇入饮马河，形成新的河流，最终奔向松花江。

几天的奔波，睡眠不足，一个人在宾馆，整理明天的资料，梳理伊通河和将去的靠山镇。面对消失的历史，我能探查到什么，无法想象结果。我担心天气，如果夜里下一场大雪，公路铺上积雪，那么行程肯定终结，我不会冒这么大的危险。睡在床上，无论如何进入不了睡眠。

早晨睁开眼睛，第一件事就是看天气，好在没有下雪，可以按计划行动。车子驶出长春时，这条我梦想的河，终于在寒冷的冬天，我们相聚在一块儿。北方的冬日，大地上荒凉，散落的村落，大多经过农村改造，不伦不类的建筑，与苍莽的大地不和谐。烟囱里冒出的烟，少了乡村的温暖。乡村变作记忆，冷风中呆板的水泥建筑，彩色玻璃钢瓦，透出工业化的气息。

开车的是李静思妹夫，他们都是农安人，从小生长在伊通河边，我注视窗外北方大地上的风光，他讲述小时候在草甸子上玩耍，在伊通河洗澡、逮鱼，李静思赶着十几只羊，整天在河滩上放牧，面对一条古老的河水，听着羊儿的叫声。记忆中的生活，真实不经修饰，口述历史极其珍贵。

因为他是农安人，对于路线比较熟悉，没有走冤枉路，时间花费在路上。车子驶进靠山，和当地作家齐本成联系上，他正在路边等候。

这是松嫩平原，不可能有山的存在，这个地方为什么叫靠山，这两个字谜一般，叫我去猜。以前准备的资料，顷刻间被打乱，纸上的文字，有时和现实的差距太大，无法想象出来。

齐本成外表上看，典型的车轴汉子，他火热的性格，爆发出的激情，具有东北人豪爽性格。我们几个人一下车，他往每个人手中塞一盒"长白山"烟。我不吸烟，对这一热情举动，弄得不知所措。他的话不多，用肢体的语言表达内心的火热。

有一句老话"客随主便"，我这次来的目的，为了看伊通河入饮马河的三汊口。齐本成不提河的事情，把我们带入酒店，在二楼的包间入座。不大工夫，镇上的作家相续进来，齐本成一一介绍。

齐本成看上去憨厚，做事粗中有细，他将年纪大的韩铁民安排在我身边。这个中学历史老师的讲述，打开伊通河的历史，我从口述史，追踪河所遗下的痕迹，梳理出大历史。韩铁民的讲述，一板一眼，从他的言谈中，读出他对伊通河的爱，他将河的每一条纹理、每一段发生的事情尽量说清。

靠山没有山，"靠山没有山，隆湾也没有山，靠山到隆湾，一句走一天"。那时道路差，进出坐铁轱辘马车。

为什么叫靠山？后岭，镇外围的村叫后岭，有岭就有山，四十多丈高，后来雨水冲刷，越来越矮。二三百年前，十几户人家闯关东来这里，开荒种地，居住下来。

韩铁民听祖母说小时候，她和小伙伴上山玩，捡到"哗啦响"。它是伊通河特有的产物，有的像牛、马、狗、猫、猴。由于自然环境的影响，被风抽干的泥团，形成空洞，风钻进里面，吹动沙粒滚动，发出响声，当地人给它取了个形象的名字。

旧年间街上，烧锅、妓院、大车店、典当铺、铁匠铺、皮影戏，沿街店铺的招牌，大多是木板幌子，上面刻有字。每一个字都写得漂亮，透出鲜明的个性。卖鱼的挑子有三十多担，摆在街边上，活蹦乱跳的鱼，吸引买鱼人的眼光。伊通河物产丰富，水中鱼的品种众多，泥鳅、鲶鱼、草根子、胖头鱼。最好吃的鱼是伊通河水炖鱼，原汤原味，不带一点杂味。附近的人家，没有打井，取自伊通河水喝。河边有野鸭子、菱角子、三棱草、酸浆子、苍耳子、柳蒿芽、马齿苋、车轱辘菜。韩铁民不愧是本地通，他在镇中学教历史，又是生长在这片土地上，注意搜集文史，使我的采访顺利。当时条件差，没有任何影像资料留下，今天对伊通河畔靠山的了解，只有人们的口耳相传、文献档案中记载。

喝着当地产的红高粱酒，听老伊通河畔的事情，前尘往事，不是传说的神话，它是真实的历史。我们所在的槿丰源酒店，是伊通河没有改道前的老位置，泥土中深藏陈年气息，随着年代久远，每个土粒浓缩历史的影子，它们串在一起，形成浩荡的大水，是一部巨大的史书。我将韩铁民讲述的历史，取出一个细节，都是那么鲜活，撩起情感，燃烧成激情之火。

三

午饭吃得很快，韩铁民说的历史，如同古地名一样激荡起来。车子在伊通河堤坝上奔跑，不敢行驶得太快，由于路况和积雪，不能再往前走了。我只好和齐本成下车，凭着一双脚，探寻伊通河的三汊口。

走出车门，寒冷裹着粗硬雪粒扑来，很多年没有经受酷寒。两天前，我在缙云山下。南国的冬天，很少见雪，就连呼叫的风声也很少听到。走在河滩上，脚在积雪上发出"吱嘎"声，身后留下一串脚印。我不适应这样的天气，怕相机经受不住寒冷，一会儿不工作。解开羽绒服包裹进去，走路变得不舒服。不过走了几十米，手冻得不听使唤，耳朵猫咬一般难受。我不戴羽绒服的帽子，不愿意阻碍视野，在伊通河上失去每一次观察良机。

齐本成在前面带路，他指着前面这条河说："这不是伊通河，这是饮马河。对岸就是德惠。"饮马河汉译为阎王，大意指河水深，水流湍急，阎王一样可怕。在明代时，人们敬畏它，称其为额勒敏河，转译汉语是未有鞍子的野马，形容河水汹涌。饮马河边流传着一首民谣：

天赐泉，清又甜。

喝一口，人延年。

若造酒，成财源。

受皇封，古今传。

饮马河松花江上游的支流，在吉林省中部，发源于磐石市驿马乡呼兰岭。河水流经磐石、双阳、永吉、九台、德惠、农安，山屯以北约十五公里汇入松花江。全长三百八十六点八三公里，整个流域略呈一斜三角形。饮马河灌溉着良田，两岸绵延的森林，茂密丰饶，河中矗立各种形状的怪石。河里生长的鱼种类繁多，鲢鳙、草鱼、鲫鱼、鲤鱼，当地特产的岛子鱼、青鳞子、葫芦籽。

河面有一个临时浇灌站，将饮马河的水，抽到岸上的渠道，向远方输送，浇灌大片的田地。夏天这个地方水大，临时变成为渡口，当地人称为王家渡口。生长在靠山镇的居民高石来和王芳，他们经常过王家渡口做的渡船。王家渡口是伊通河注入饮马河的第一个船口，现在被废弃。

老王头已经去世，死去的那年有七十多岁。他掌管多年的渡口，成为记忆中的传说。他长得大高个儿，大脸，大眼睛，说话和气，服务周到。老王头不在了，他的行当传给儿子继父业，随着河水的变故，渡口移到饮马河上游的三汊口前边不远处。

我和齐本成爬上堤坝，岸边长满苇草、齐胸高的野艾，要不是齐本成介绍，这里根本看不出原来渡口的痕迹。灌水站的粗大水管停止抽水，管理员的临时小屋，被生锈的锁头锁住。冬天水面冰封，管理员搬回附近村子家中，等来年春天，他在行使自己的老本行。

离开王家渡口，没有见到老王头，只是听齐本成凭记忆和听说，讲述王家渡口的情景，感觉很遗憾。老王头几十年在这里摆渡，对于两岸的风土人情、历史掌故，一定知道得比别人多。

我们走在河道中间，继续向三汊口奔赴。在这条河上，只有我俩行走，耳边尽是踩雪声。平坦的河面上，留有杂乱的脚印，这是来往人所遗下的痕迹。冬日的饮马河变得安静，大雪覆盖河面，望不到两河汇集后，形成新的河水，天空看不到飞鸟，风声统治这片土地。

前面不远处，有一堆凸起的雪，我们加快脚步。这是镐子凿出的圆冰洞，在流动的水中撒下网，有人在冬捕。看到在冰河上捕鱼，满族有冬钓习惯。围着点位转一圈，想瞧到水中的网捕到冷水中的鱼没有。齐本成说起冬钓，很多人冬天闲着无事，在河面上破冰取洞，然后撒下网，几小时后，收网能捕到鱼。碰上冬钓，对于我是意外惊喜。小心凑上前去，每迈出一步，怕冰层断裂。靠山村九社的农民、捕鱼爱好者沈焕忠，现年六十岁。在伊通河捕了一辈子的鱼，他说这条河上捕鱼的方式多，常用有旋网，圆形的末端有网兜。捕鱼时，人站在河岸上，一手抓住网头，一手撒出去网，落到水面形成圆形。落进水中，便将鱼罩住了，快速收网。另一种网叫大旋网，网的形状和旋网的差不多，重几十斤。它是依靠人和船只作业，捕鱼时专人驾船。撒出的网，跟着船往前走，网全投放水里为止。整张网罩住的面积大，进入兜里的鱼虾，一个也逃不掉。在过去的时候，河水丰沛，人烟稀少，捕鱼使用鱼叉，因为有大鱼可捕，最大的重达十余斤。"迷魂阵"是长见捕鱼方法，长网末端有网兜，每隔一段，固定一根竹竿，依次插在水中，形成一道网墙，鱼不知不觉进入鱼兜里，收网的时间不限。"花篮子"具有浪漫的名字，从它的名字想象出网的模样，应该是长口袋网，开口端大，末端是鱼兜。鱼不知它的厉害，只要撞上它，就难以脱身逃命。

靠山吃山，靠水吃水，祖辈传下来的生活经验。在水边吃鱼方法多，有一道拌生鱼。这儿所说的拌生鱼，最好是开河季节。水底鱼经过一冬，肚子里的泥草吐净，剩下新鲜的肉。开河鱼具有这个特点，吃拌生鱼最佳时节，鲤鱼、胖头鱼、狗鱼都是相当不错的食材。

鱼鳞和内脏清除干净，扒掉鱼皮，鱼脊肉出来。片下鱼脊肉，切成细丝，入装醋的碗里拌匀。醋汁混浊再换一次，直到醋汁清亮，鱼肉丝成为白色，即可食用。

伊通河水在二十世纪八十年代严重污染，水质变得糟糕，前些年河水黑，鱼根本见不着影子，现在经过治理，河水清亮多了，有了野生的鱼。目前逐渐好转，鲫鱼、鲤鱼、鲶鱼、泥鳅、胖头鱼、嘎牙子十几种鱼都出现了。当地人自豪地说，可以这样说，松花江里有的鱼，都会出现在伊通河里。

我往前望去，辨不出饮马河和伊通河交汇的地方。这个冬钓点，燃起我一种动力，不管三汊口有多远，一定去看。我们离开冬钓点，蹚着积雪，在单调的踏雪声中，继续向前奔。一阵风刮来，我急忙转过身，躲避卷着雪粒的风。身后雪地上留下脚印，在古老的河上，写出真实情感。

在雪地上行走，穿着笨重的冬装，感觉体力透支，我和齐本成拉开距离，望着他的背。我感觉自己幸运，在这条古老的河水上奔走，不需要任何物具的帮助，只凭两条腿，这样近的接触，不是什么人都能有机会。

喘气不匀，吐出的气变成一团白雾。前面不远处截断流向，向两边分流。这就是三汊口，两河交汇处，伊通河一路奔腾，穿山越岭到这里汇入饮马河，它们融结一起，同心协力奔向松花江。河东是德惠，河西是农安，东北方向就是松花江。

四

二〇一五年一月十四日，我来到了伊通。车子驶过大桥，冰雪下的伊通河，按着自己的节奏流淌。茫茫的雪野，枯草在风中抖动，很少有人在大地上行走。只是河道的轮廓，显现古老的踪迹。二〇一四年六月，我从山东来长春，此前做了大量案头工作。住蓝月亮宾馆，由于很多因素未能去伊通，带着遗憾离开长春。

伊通河促使我不顾东北的严寒，踏着冰雪的日子，在半年多的时间中，又一次来长春，也是住在长春经济开发区北海路上，距离蓝月亮，不过一个路口距离。有几次途经它的时候，我朝曾经住过的窗口望去，想着住在那里时的情景。

终于走在伊通的土地上，前尘往事，不断地涌现出来。我不知怎么样，寻找进入历史的切点，梳理清楚一条主线。

在一所培训学校，我认识当地作家李清泉，热情和朴实，让我感受到东北人的豪爽之气。他送我一些关于伊通满族历史的资料，都是他自己的收藏。我们去参观伊通满族文化博物馆，在展厅中有意想不到的收获，看到"佛多妈妈"的原件。

二〇一三年，我正在写《触摸历史的细节》，托朋友帮收集满族老照片，他发来一组照片中，其中有这个图。我在追找它的来历。面对这个古老的神像，有一种感觉，似乎找到进入伊通河的渡口。几个小时中，我在读一件件展物，不是浮光掠影地看。从它们身上的锈痕，读出时间的沧桑。这些普通的东西，渗透在满族人的日常生活中。吊挂着的悠车，养育一代代的满族后代，那道古老的歌谣，我听祖母唱过：

悠悠悠 悠悠悠哇

小孩睡觉一个劲儿悠

狼白儿抽 虎白儿抽

小孩不哭还得悠

狼来了 虎来了

麻猴跳墙也来了

悠悠小孩睡着吧

你的阿玛出征去了 发马去了

戴上大花

十字披红他就回家

有福的孩子

你就等着吧

挣下功劳都是你的

挣下红顶子都是你的

　　古老的歌谣，在乌拉街老人都会唱。我看到满族的弓箭，这张弓曾经跟随主人，去深山打猎，射出的箭，击中奔跑猎物，或者为了保卫自己的家园，射向侵略敌人。弓上留有主人的体温和汗痕。

　　伊通城往南十五公里处，有一个西苇镇。早在三百八十年以前，这里是另一番景象。气候温和适宜，雨量丰沛，树木无边无际，野草繁茂。优良的自然条件，养育大地上的万物和生灵。封闭的山林中，很少有人来打扰安静，聚集着大量的狼、紫貂、熊瞎子、狍子、狐狸和东北虎各种动物，这就是阿木巴克围场。

　　阿木巴克为满语，汉译为苇子沟，围场地处长白山余脉，南北约三十五公里，东西约二十公里。围场划定以后，这块土地变得不一般，颁布严格的封禁政策。设立"荒营"，编制有总理一员，下面专设行走章京、领催外郎、向导兵员等。为了保护好围场，"长养牲畜以备狩猎"，围场修筑圈护的边墙，自西向东，穿山过水，蜿蜒数百里。边墙上筑有烽火台，用作各地的联络信号。

围场中有兵丁守护，他们居住的营房，当地人习惯称"老营房"。每座营房按编制，有捕牲丁十至十五人，围场一共有四所，兵丁六十余人。这些兵丁不是吃闲饭的人，平常巡视围场，不准百姓踏入，又有捕射猎物的任务，采集野生的山果进贡朝廷。

当地文史通叫关中，满族人，正黄旗，一九六四年出生，比我小两岁，这次田野调查的向导。一七二八年，他的祖先察哈拉，从开原老虎头放马场兵营迁到伊通。成立二期公属，保卫伊通政权和御路。来到伊通安家，在东营子屯居住。多数人家姓关，同族不同宗。

我们来到南围屯，说这儿有一口井，当年皇帝打猎喝过井中的水。在井边遇上董素环，六十四岁，她说这口井，冬天清晨冒出三四米的热气。这里是老营房后沟，现在属红光一队。皇帝打围，上这来喝完水，当时井水封了。

井边不远处，有一片东北野樱桃，樱桃颜色鲜红，玲珑剔透，味美形娇。我们摘一些，装进矿泉水瓶子。拿井水冲一下，离开屯子，一路上，吃着鲜美的野樱桃。

几代皇帝东巡，沿松花江流域行走，在东北大御路的阿木巴克围场狩猎。康熙也在此打过猎，他在诗中说：

吉林围，盛京围，天府秋高兽正肥。

本是昔年驰狩处，山清水态记依稀。

围场是皇家禁地，有着严格的管理制度。任何人严禁入围，对私自闯入打猎、砍柴、割靰鞡草者重罚。以杖刑、枷号、徒刑、充军等刑罚，清廷制定《盛京围场窃例》。

中午在满族农家乐，上了"一锅出"。锅上蒸有土豆、苞米、地瓜、鸡蛋，这是满族人的日常吃法。

我不时在向窗外眺望，注视马路上人来人往，历史上伊通是有名的大御路。伊通是运粮的古道，不仅因为得天独厚的地理位置，它在东北运输史上具有重要性。二〇一四年六月，我去了双阳区，在友人的陪同下，寻找苏瓦延站，在伊通河边，看到当年康熙停船扎营的地方。在伊通河流域，流传着乾隆皇帝东巡驻跸阿勒坦额墨勒驿站的故事。

水经玄兔黑，山过混同青。

漫道无城郭，相看有驿亭。

糠灯劳梦寐，麦饭慰凛零。

明发骑鞍马，萧萧逐使星。

这是清代诗人杨宾写的一首东北大御路的诗，诗中表现出当时的情景，流露出诗人的感慨。

时间有情，也无情。情字写起来容易，承载之内容都万分沉重。许多的事物与人，在它的面前太渺小，不值得一提。

五

二〇一五年一月二十九日，我要乘下午一点二十分飞机回山东。早饭吃了酸菜白肉血肠，这道满族菜，让我有了一种忧伤。白肉酸菜血肠是满族传统美食，杀年猪之后，宴请亲友的一道主菜。五花猪肉切薄片，与细酸菜加水下锅，煮开锅后，入切成小段的血肠。

饭后没有回到宾馆，走过那片老居民区，钻过铁栅门，走进湿地园，在长春这几天，不管时间多紧张，早饭后都要来看伊通河。昨夜的一场雪，湿地重新披上新装，木道有人在清扫，清寒的空气中，桦树显得更加秀丽。我蹚雪过去，身后留下乱杂的脚印，几粒雪钻进鞋中，皮肤有一阵凉爽，让我有了难以忘怀的记忆。机票装在摄影包中，人未离开长春，眼睛中布满覆盖伊通河的白雪，淡淡的伤感，已经爬上心头。

雪后空气清新，吐出的哈气，很快被寒冷吞掉。我走下木道，在积雪中行走，雪发出"吱嘎"声。每一个雪中的脚印，积攒的情感，记录在寻找过程中的日记。

我站在堤坝上，无拘无束的寒风吹在身上，感受东北冬天的性格。拿出相机，对准雪野下的伊通，留下一段宝贵的影像资料。

镜头里的伊通河，它是披满白雪冬眠的东北虎。等待春风吹来，抖落身上的积雪，缓慢站立起来。它闻到新草的气息，听鸟儿的欢叫，仰起脑袋，张开大嘴，一声冲天的长啸，露出真实的本性。我从不同的角度，拍下伊通河。

回到滨州不几天，下了一场雪，望着窗外纷飞的雪花。我从文档中调出伊通河照片，回味在伊通河边的日子。春越来越近了，伊通河不知什么时候再去看你，吃鱼炖粉条、酸菜白肉血肠，听你讲述历史上的事情。

重庆酥肉

我来北碚四个多月，每天在街头，遇上去歇马镇的 515 路公交车，从身边跑过。歇马镇名字，对我很有诱惑力，其中一定有不薄的历史。听父亲说起过。他年初在北碚住过半年，到歇马镇的大市场，说是菜品丰富，炸的酥肉特别香，不是电热箱，而是露天大铁锅。我来北碚一晃这么长时间，并没有去过。这是年末的最后一天，我和高淳海商量，决定逛古镇歇马。

515 路公交车，在北碚行政区站，离美翠佳园小区不远。二〇一四年十二月三十一日，我们拉着购物车，带着特殊的心情，向这一年告别。歇马镇位于北碚区西南部，距离主城区九公里，地处中梁山和缙云山脉之间，西枕缙云山峦与璧山区八塘镇，自南向东流淌嘉陵江的支流磨滩河。路上所经过的地方名字，深藏历史，碑堡、曹家坝、雷打石、家坪支路、状元碑，我感受每一个名字的意义，想了解字背后的陈迹。歇马镇有历史记载，距今已有九百多年，早在南宋时期，兵马往来常驻于此，是一兵亭邮站，成为送军邮、民信的驿站，所以称歇马场。

歇马镇的菜市场呈三角形，顶尖朝向马路，两边临街的商铺，走到底是一条横路，分向两边。不宽的路挤满摊位，行走十分困难。尚未走进市场多远，看到路边炉子上，坐着大铁锅，扑鼻的香味在空气中飘散。个子不高的中年妇女，扎着围裙，手中操着网丝笊篱，捞油锅中炸得金黄的肉。高淳海对我说："这是在炸酥肉。"中年妇女认真操作，对周围嘈杂环境，早已经习惯了。我望着盆中的料，锅中翻滚的肉，猜测这种做法，就是北方干炸肉，各地叫法不同，内容差不多少。我喜欢这样的气氛，大铁锅勾起少年时的情景，姥姥家的大铁锅，每年这个时季，也要炸丸子、肉和豆腐泡，趁着刚出锅的热劲儿，倒一小碟酱油蘸着吃，味道不一般。她使的笊篱，与我姥姥家的相似。

菜市场是公共场所，每天发生很多的事情，有些意想不到的。有的人不买东西，在人群中逛，是他生活的一部分。头发花白的老人家，倒背着手，穿着羽绒服，看他的样子，就是不买什么闲逛的人。在路边的布棚子下，有几个麻将桌，都是上年纪的人。

我第一次来这个市场，不熟悉环境，跟着高淳海走，他陪爷爷来过这里。竹筐盛的，案子摆的，地上堆的，各种各样的摊位，大多蔬菜、水果、日常生活用品。卖橘子的中年妇女，看我们过来，手中拿着一瓣橘子，用重庆话说："这个好吃。"不远处一个老太太，瘦得被风吹倒，手中拄着竹棒棒，面前放着几捆瓢儿白，北方人叫油菜。望着她的样子，心情不太好受，这么大的年纪，为了生存还要奔波，年底人的心情变得脆弱。

购物车装满，大概了解分类区的情况。循着原路往外走，我们又来到炸酥肉摊前，大铁锅中炸肉翻滚，香气在空气中飘散。

经不住诱惑，走过去买一些酥肉，品尝一下它和北方的干炸肉的区别。"干"的笔画少，"酥"字笔画多，两个不同字，表现地缘文化。

回到住处，打开塑料袋，酥肉未凉透。我拿起一块，望着窗外的缙云山，咬下一口，品尝酥肉的滋味。

冻豆腐炖鱼

　　大雪过后，必有大烟泡刮起来。寒风呼啸，撕裂地上积雪，卷入天空，又凶狠摔落。山谷间的草木，街头的树木，发出瘆人的号叫。

　　独特地理环境养育一方人，形成特有的饮食文化。东北冬天漫长，贮存大量的蔬菜，无非土豆、萝卜和大白菜，缸中腌菜。冻是一大特色，由于天气造成的因素。许多食物都能冻，省钱又天然。当食物与寒冷相遇，短时间内发生变化，其味道随之改变。

　　冻豆腐上不了大宴，过东北这块地，很少有人知道了。冻豆腐不用提味配料，谈不上什么讲究，大自然冰雪风霜腌制，保持粗犷风格。

胡同里时常来卖豆腐的，手推车架着两大木盘豆腐，盖着粗纱布做的豆腐包，湿漉漉的，防止灰尘落豆腐上，又不耗水分。卖豆腐的吆喝声响亮，尾声拖得特别长，在胡同里游动，钻进各家各户。

不论春夏秋冬，胡同响起熟悉声音。卖豆腐的人，从不把"卖豆腐"吆喝全，只是简化喊"豆腐"。"腐"的音咬得不准确，不仔细听，好似"婆"的发音。孩子们看见卖豆腐的来了，离很远跟着学"豆婆"。卖豆腐人从不生气，只是一笑了事。寒冷的冬天，豆腐结一层冰碴儿，下面热乎乎的。卖豆腐人戴着狗皮帽子，脖子上扎蓝围巾。声音撕裂清冷空气。我端着一瓢黄豆，推开家门，跑出去换豆腐。

我家住在大杂院，卖豆腐的中年妇女，笑眯眯的，没有犯愁的时候。买豆腐要票，国家定量供应豆腐票，也可以用黄豆换。拿去的黄豆倒进搪瓷碗，凭碗中的数量，估摸斤数，从来没有人因为短斤少两发生过争吵。

一盘豆腐出多少块，她心中有数。手中的豆腐刀是薄铁皮，磨圆四角。豆腐切得大小均匀，无破损地方。我家买豆腐都从她那儿买，逢年过节来得很少。豆腐是紧俏货，有豆腐票也买不到，必须去豆腐房排队买。

东北人爱吃冻豆腐，每次多买几斤，这东西坏不了，多余的放在盖帘上，放外面冻起来。方便图省事，大冬天，户外零下三十多度，冰天雪地，风像小刀子似的吹身上。为了买一斤豆腐冻得嗞嗞哈哈，谁也不愿意。想吃豆腐，去屋外拿回冻硬的豆腐。缓过的豆腐，不同新鲜豆腐嫩白，泛出豆质黄。冻豆腐经过风雪，水分耗掉很多，更结实了。

白菜、猪肉和冻豆腐炖粉条家常菜，方桌摆在炕上，家人围坐桌边，吃得其乐融融。炖菜用大铁锅，做出和别的锅做的味道不一样。冬天炕烧得烫手，一盆炖好的菜端上来，热气勾引食欲。冻豆腐一冷冻，一热炖，出现蜂窝状，吃在口中和新豆腐的感觉不同，有了另一股风味。冻豆腐和白菜、粉条、猪肉乱炖，没有大的名气，却充满情感。

姥姥家杀完过年猪，做我喜欢吃的骨头炖冻豆腐，锅中放入凉水和猪脊骨。大火煮沸后，撇去浮沫，捞出猪脊骨。油热后放入作料，放入猪脊骨翻炒均匀，加料酒烹香，倒入热水没过骨头，火煮一个多个小时。冻豆腐切块和粉条放锅中炖。

东北冻豆腐的吃法有很多，大多菜能与冻豆腐搭配，白菜炖冻豆腐、土豆炖冻豆腐、炒冻豆腐。冻豆腐、白菜与粉丝在一起熬汤，汤的味道鲜美。冻豆腐煮熟后，张开有孔，夹一块放入口中，汤汁冒出。

民间有一种吃法，破冰冬钓，从冰河中钓上来的鲜鱼，和冻豆腐在热中交融，两者放在一起炖，产生奇特鲜美的味道。

冻豆腐炖鱼，经火加热后，鱼味儿渗进豆腐中。俗语说："一物真稀奇，没骨又没皮，水中走一遭，人人见了笑嘻嘻。"豆腐如同一条鱼，遇水有了灵气。热乎乎地夹起一块鱼肉，浓郁的豆腐味儿。两种香气的结合，配上鲜美的汤，盛上一碗大豆米饭，那真是美味极了。寒假时，有一天三舅和同学去冬钓，到了下午回来。篓子里有十几条一拃多长的鱼，姥姥从外面拣两块冻豆腐，放入清水暖。晚饭冻豆腐炖鱼，姥姥又焖高粱米饭。鱼的香味随着热气飘进屋来，趴在炕头的黑猫闻到味道，抬起头寻找味儿的来源。

我母亲炖冻豆腐和鱼，她用从商店买来的刀鱼。吃起来味道不错，和在姥姥家鲜鱼炖的不能比较。

　　离开东北多年，吃冻豆腐的机会少了，谈不上炖鱼。滨州有几家饭馆，用冰箱冻豆腐，做东北菜，吃起来失败，它和天然的冻完全不是一个味儿。我在家中冻过几次，同样的感受，打消这个念头，留在记忆中。

谈

吃

一杯东山白蜜

○十月二日

长白山

北京豆汁儿

○十一月二十八日

北京

疙瘩汤

○一月十二日

长白山

月亮粑粑

○一月十一日

长沙

井水豆花

　　二〇一八年九月十一日，下起小雨，高淳海写完论文，说出去散散心，叫了一辆滴滴打车，我们带雨伞游古镇。

　　偏岩古镇在华蓥山脉西南面的两支余脉间，清代属江北厅礼里六甲，乾隆二十四年建场为镇。镇北部岩壁倾斜，悬空陡峭，故名偏岩镇。这是通往华蓥古道上的商贸古镇，连接合川、邻水、江北。当年商旅不断，香客云集。经过几百年变迁，仍保持古老民风，远观山色，近临秀水，街道和建筑呈现古朴风貌。

　　山水古镇，依山傍水的结构，黑水滩河清澈见底，曲曲折折，环抱古镇。岸边生长粗壮的黄桷树，这些百年老树，根枝盘旋交错，硕大的树冠，遮天蔽日。

　　古镇的美食有名，都有各自的文化特征，绝不是一般记忆，沉入身体深处，烙下不可磨灭记忆。吃是本能，它是生命中不可缺少的重要部分。

菜是地方特色的代表，也是标致性的景观。去远方旅游，除了准备必需的途中物品，要做一下功课，搜寻资料补充头脑，让后脑室的仓库多储备知识。来到陌生环境，参观古遗迹、老建筑，重要的是舌尖感受，品尝当地的美食，精神和吃融为一体。

豆花在重庆是平常小吃，大街小巷随处可见卖豆花的小餐馆。豆花和豆腐脑不同，都有一个当头的"豆"字，却是两种食物。豆花色泽美观，多种作料，鲜香微辣，滑嫩可口。由于豆花受人们的偏爱，由豆花为原料，创新出豆花肉片，一些响当当的名菜。

北碚豆花有着独特的人文背景，早在清朝末年，就已经颇负盛名。当时北碚峡防局长卢作孚，经常以豆花招待郭沫若、老舍、梁实秋诸多名人。偏岩古镇井水豆花，井水浸泡大豆，磨出的豆浆，大锅柴火熬。通过古老工序，做出井水豆花，口感与众不同。

小米排骨另一种风味，洗净的小米黏附排骨上，竹笼蒸制。出锅的小米排骨，既香又甜，富有黏糯感。偏岩古镇的小米排骨，口感糯香，在于食材中的小米。静观小米，产于北碚静观镇海拔一千米的中华山上，迄今五百多年历史。相传明太主以后，静观小米为宫中贡品。静观小米与其他小米比较，口感细腻，营养丰富，有补血益气优点。

古黄桷树，当地居民呼之姻缘树。枝头挂满红绸，苍翠之间，鲜红的颜色耀眼，寄托姻缘美满的期望。黄桷树，也叫黄葛树，又名大叶榕树、马尾榕、雀树。佛经里称为菩提树，在我国西南一带，过去风俗，只能在寺庙、公共场合种植。黄桷树寿命长，高大落叶乔木，枝杈生长密集，悬根露爪，虬曲盘绕交错。划上一刀，分泌白色黏稠液体。

临水一排建筑大多是饭庄。其中一家饭庄，二层建筑，围绕古树为主题。一棵粗壮的黄桷树，倾斜身子从饭庄里探出，树冠悬在黑水滩河上空。一个悬字，使饭庄增添自然特色。门前的牌子上，写有店中的招牌菜，每家都有井水豆花。偏岩老街系清代所建，基本保持原貌，青石街面。约五百米长，两旁店铺排列密集，大都竹木结构，小片青瓦素墙，撑拱和花窗均有雕饰，盈满古雅的韵味。木牌匾嵌有"孙裁缝"金字，一台老式缝纫机，条凳摆在铺前，木壁上挂着布料、做好的衣服。古镇五金店，摆满各种刀子、钳子及常用的小工具。临近的周氏杂货铺，两扇木门关闭，不见主人开门。往前走不远，有高挑红灯笼的客栈。"九合栈"三层木楼，每根梁柱斜而不倒，榫卯结构，不见一颗铁钉。背竹篓的妇女，走在青石板路上，望着她的背影，恍惚回到过去的时光中。老街穿斗式木结构建筑，褪色的木屋，深藏传统建筑的美。

走完老街，花费不了多长时间，去看鸳鸯桥头夫妻树。下场桥亭子，此桥原名鸳鸯桥，在黑水滩河支流与干流交汇处。建于清嘉庆十五年，建桥后，南北桥头各栽一棵黄桷树。年头久了，黄桷树长大，枝干靠拢。树根从桥面下穿过，相互缠绕，融为一体，称为夫妻树。

一九八六年，黄桷树被命名为市树，自古以降，重庆地名以黄桷为名众多，北魏地理学家郦道元《水经注》记曰："江水又东经黄桷峡（铜锣峡）。"宋代《图经》云语："涂山之足，有黄桷树，其下有黄桷渡。"重庆主城内有黄桷垭、黄桷坪、黄桷堡、黄桷冈、黄桷街，还有黄桷垭、黄桷坪地名。传说早在三国时期，刘备进入巴蜀，在中梁镇龙泉寺村，种植一棵黄桷树。长出六个杈，分成六股树干，为此得名六股树。

一九三九年，有一段时间，萧红住北碚的黄桷树小镇上。每天端木蕻良忙着自己的事情，萧红生产时，失去一条小生命，而且当时离家越走越远。每次过嘉陵江，看着江水流走，想起家乡的呼兰河。长夜里敲打梆子声，浓重的思乡之情，一次次走进记忆。她开始创作《呼兰河传》，有二伯、冯歪嘴子一个个人物记录下来。

二〇一〇年十一月，北方进入冬季，重庆还在穿单衣，走不出多远的路，身上出汗。江上的雾笼罩对岸，我和高淳海走进下坝七十九号，蓝色小牌子，孤零零竖在门旁。此时的江上，飞跨一座大桥，当年萧红每次来北碚坐渡船。等船的过程中，一些人物悄然出现，牵扯她漂泊的心灵。我们步行过碚东大桥过江，走进复旦大学的旧址。

我为了萧红而来，在破旧的矮房子里，寻找她当年去过的地方，在那间房子生活过，无人告诉我们。破旧的院子中，有一棵粗大的黄桷树，身上拉出多根绳子，成为居民的晒衣架。

黄桷古树下，流水潺潺，虫鸣喧喧，鸟儿叫声清亮。桥下的黑水滩河，日夜不息，诸多浅滩，河水环绕而过。黄桷古树耸立河边，繁密茂盛，扶疏密实，翠色欲滴，几乎滴入水中。黄桷树是古镇的灵魂，压镇之宝。它与黑水滩河辉映，构成山水古镇。古老山水，养育一代代人，井水做出的豆花，吃过一次，便无法忘记。

香面条条韭叶抽

　　早餐中，大多地方以面条为主，各地的风俗习惯不同，文化背景不一样，面条制作工艺各领风骚。我在不同地方，吃过各种面条，北京炸酱面、龙须面，山西刀削面，上海阳春面，西安臊子面，武汉热干面，四川担担面，济南打卤面，兰州牛肉拉面。

　　根据文献资料考证，面条的最早文字记录是我国东汉时期。二○○二年，考古学家叶茂林，在青海省民和县被地震掩埋的喇家遗址中，发现距今有四千多年的面条，长约五十厘米，宽零点三厘米，由粟制作而成。

　　来到一座陌生城市，美食是了解当地文化的切入点。在重庆吃过传说中的小面，和内地饭馆卖的小面不同。我居住在北碚，有一种北泉手工挂面，有着自己独特风味。

我第三次来北碚，清晨起来，不知道吃什么早餐。有北泉手工挂面，去年自己做过，油熬开，倒入葱花爆锅，不能使用酱油，清汤煮面。北泉手工挂面加工过程中，添加食盐，所以不必再入盐，否则口味重。

我喜欢早餐吃面条，一块腐乳，炸鸡蛋酱，热乎乎的提精气神。清晨这顿饭，三百六十五天变化不大。一夜的消耗，清晨吃面条不仅补充水分，也节约时间。

我在北碚超市，买过多种牌子的挂面。缙云山位于嘉陵江温塘峡畔，古时名字为巴山。是七千万年前"燕山运动"形成的"背斜"山岭。地方志记载，"四千七百年前，华夏始祖轩辕黄帝就在此山修道炼丹，因为丹成之时天空出现非红非紫的祥云，轩辕黄帝遂命名为缙云，缙云山因此而得名。"从北碚城区出发，过澄江镇向缙云山上行驶，行走五百多米，公路左边有一家不起眼店铺。出租车王师傅说，这里卖老字号的北泉手工挂面。这种面可以品尝一下，离开北碚在外面吃不到。他把车停在路边，我们走进门面不大的铺面，货架上摆着礼品盒挂面，从包装上知道，不起眼儿的面条，竟名不虚传。

缙云山游得心情格外好，晚上品尝老字号的北泉手工挂面。按照习惯做法，关键是这时出问题，我倒进酱油。由于面条有盐分，煮出的面咸。凭经验操作，有些不如意，但北泉面的口味，留下美好记忆。

晚饭后，在网上查阅资料，对几乎天天吃的面条，有深入的了解，知道它的历史渊源。早期面条有片状和条状。片状是将面团托手上，拉扯成面片下锅。到了魏晋和南北朝，面条的种类增多。《齐民要术》记载的"水引""馎饦"——"水引"将筷子般粗细的面条压成"韭叶"形状，"馎饦"是极薄的"滑美殊常"的面片。元朝出现久存的挂面；明朝出现技术高超的拉面、山西制作的刀削面；清乾隆年间，又有加入菜烧焖熟的伊府面，这些都是历史上著名的面条；"五香面""八珍面"两种面条，将五种或八种动植物原料的细末掺进面中制成，堪称面条中的上品，被戏剧家李渔收录在《闲情偶寄》：

所制面二种，一曰"五香面"，一曰"八珍面"。五香膳己，八珍饷客，略分丰俭于其间。五香得何，酱也，醋也，椒末也，芝麻屑也，焯笋或煮蕈煮虾之鲜汁也。先以椒末、芝麻屑二物拌入面中，后以酱醋及鲜汁三物和为一处，即充拌面之水，勿再用水。拌宜极匀，擀宜极薄，切宜极细，然后以滚水下之，则精粹之物尽在面中，尽勾咀嚼，不似寻常吃面者，面则直吞下肚，而止咀咂其汤也。八珍者何？鸡、鱼、虾三物之肉，晒使极干，与鲜笋、香蕈、芝麻、花椒四物，共成极细之末，和入面中，与鲜汁共为八种。酱醋亦用，而不列数内者，以家常日用之物，不得名之以珍也。

独特的地理环境，产生的文化背景，离不开饮食文化。以老字号闻名的北泉手工挂面，使用一百多年前传承的酵母，它是面的灵魂，发酵中有了诗意变化。缙云山流淌的清泉，揉进小麦中，经二十多小时发酵，它们在密合中发生裂变。

北泉手工面源于清朝末期，最早名为"水磨面"，也叫"温泉面"。它的制作工艺，如同一架运行机器，齿轮精密的啮合，不能有半点误差。它经过"和面、做坨、醒面、切条、接条、刷油、扯环条、扯堆条、下盆、上棍、扯扑、行槽、上架"等十八道工序，花费十几个小时。产出的面条，如丝般的细匀，中心通空流畅，口感滑嫩，咬时劲道。北泉面除了讲究技术，它的配料别处很难效仿。辅料一样不能少，盐的比例搭配是北泉手工面的核心技术。一九三〇年十月，北泉手工面在重庆农副特产品展览会上获奖，普通的面条，一时名声大振。抗战时期，教育家黄炎培留下"香面条条韭叶抽"的诗句。

清同治年间，北泉水磨手工面曾备受推崇，曾有过辉煌的时期。它的第六代传承人肖浪师傅回忆说，"二十世纪五十年代末，北泉水磨手工面，曾经出口新加坡、印度尼西亚等东南亚国家，辗转至英国、挪威等国家，享有盛誉。到了二十世纪八十年代至九十年代初，当时北泉水磨手工面厂喜欢将手工面制作成每根都只有几厘米短、一斤一把的简易装，很是轻便也易携带，所以，当时无论是北碚当地，还是从其他区县来北碚的人都喜欢带上两把。"

一九三九年，梁实秋在北碚住过，他在半山腰上的简陋小屋，写出著名的《雅舍小品》。读他的《面条》，写老北京的炸酱面原汁有味，每个字都溢出炸酱的味道。他在北碚这么长的时间，一定吃过北泉手工面，不知为什么，他笔下没有出现这种面条。二〇一四年，离开北碚，将北泉手工挂面的包装纸带回山东家中，整理旅行日记，看到它格外亲切，想起缙云山味道独特的面条。美味在记忆中长成小树，根的触须，扎在心中深处。

重庆麻糖

　　星期三下午，在缙云广场溜达。紫玉兰的秃枝上，拱出毛茸茸的新芽苞，过不了多久，开出艳丽花朵。

　　从远处飘来叮当的清脆声，背竹篓的卖糖人，敲打手中铁器，慢悠悠走来。这是重庆的名吃麻糖，民间流传童谣："麻糖匠，叮叮当，打烂碗，卖婆娘。"唱童谣的人均已长大，渐渐老去。新一代的人，对小吃不感兴趣，转变不是时间问题，是新旧文化碰撞的结果。麻糖匠戴老式黄军帽，穿着四个兜蓝制服。在他身上找不到时代影子。他的这一套行头，与周围的高楼格格不入，引起怀旧情绪。我想了解麻糖匠，品正宗的小吃。我喊住麻糖匠，称两块钱的糖。我买得不多，但麻糖匠也很高兴。他的一招一式，我似乎没有看清楚，但糖已经敲完。他掀开竹扁筐，从背篓里拿出小绿盘的秤。麻糖匠不似北方串街的小贩吆喝。手中的一把铁榔头，白钢打制的刀，重庆人叫它"钻钻儿"。前面宽，往后渐变小，形成锄头状。有人买糖，"钻钻儿"贴在需要的位置，榔头敲"钻钻儿"的弯曲处，一块齐整的麻糖切割完成。铁器的敲打声，就是独特的语言，传递记忆的温暖、对过去的怀念。

我问麻糖匠的老家什么地方，他说四川隆昌，距离北碚二百多公里，坐车要四个多小时。他今年五十七岁，来北碚卖麻糖多年。隆昌古时称为隆桥驿，1567 年，明朝的隆庆元年设县。

我来北碚不久，在嘉陵风光步行街上，碰到背竹篓的老太太，个子不高，背着大竹篓，不时打击手中的铁器。我闹不明白这是干什么，周围的人说着重庆话。我好奇的目光，追着背竹篓的人远去，消失在人流中。

这是卖当地的名吃"麻糖"。重庆话发音，"糖"字念成一声，习惯性叫"麻汤"，糖叫成"敲麻汤"。麻糖制作的工艺不复杂，大麦发芽，把麦芽切碎当作催化剂。糯米浸泡、蒸熟，与麦芽屡混。几个小时之后，压榨出麦芽糖汁。廉价的食物给那一代人，留下多少追忆的回味。

我每天去卢作孚路的菜市，在路口能遇到麻糖匠，脸上笑眯眯的，注视过往的行人。地上放着竹背篓，篓口上的竹盖儿，放塑料包裹的麻糖。他手中各拿铁器，偶尔敲一下，清脆击铁声，钻透喧闹的人群。

普通的工具，被一双手传出希望。每一次敲击，诉说时间的事情。叮当声听起来单纯，不带一点杂音，它隐藏诸多元素。历史的缩影，地域文化的特点，人的悲欢离合，每一个音符与时代抗争。熟悉的声音，依然清脆悦耳，并未因时间的流淌，积落尘埃。

食物地域文化的代表，它表现时代的特殊背景，当它即将逝去，成为人们怀旧的东西。敲麻糖不仅是生存方式，亦是文化的传承。麻糖演变成文化符号，不需要记载，它在时间的纸上刻下腐蚀不掉的记忆。

竹筒饭

我去缙云山的路上，两边有大片竹林，长得不怎么粗壮。每次停下脚步，观察竹子，触摸几下，感受它的体温。

二〇一四年十月，我和高淳海登缙云山，下狮子峰，走过石板台阶，石头爬满青苔。陡斜的石壁凹进，有很多支起的小树枝，我以为起保护作用，免得下雨滑落。后来听人说，那是在许愿。树枝代表一炷香，祈求祛灾，保佑身体健康。台阶不远处，卖竹筒饭的婆婆，她看我们走过来，大声吆喝。高淳海动员我吃一个，在山野吃竹筒饭，味道不一样。不到十厘米长的竹筒，比拇指粗不多少，竟然要价四元。筒里有一点糯米，夹杂几星腊肉，一只竹片，权做筷子用。由于爬山消耗体力，这时有些饥饿，吃起来感觉不错，有淡淡的清香。

我每天爬缙云山健身梯，梯道入口处的竹林前，竖一块大石头，上面刻"竹报平安"，它和缙云山极不和谐。缙云山上的竹子多，健身梯道外的山岩上，生长大片竹林，不时钻出鸟儿叫声。登上最后平台，左面围栏前，竹子的叶子伸手可摸。竹子清香弥漫空气中，每吸一口，身体里都有竹的气息。竹子正直的象征，它不追求功利，心无杂念，甘于寂寞。竹子生命力极强，它不求土地多么肥沃，只要一点空间，将根扎牢，繁衍生息。竹子性格鲜明，每一段竹节，表现清淡高雅，一尘不染。

　　戈登·汉普顿说的外在寂静，置身于大自然中，敞开自己的情感，所有的感官与周遭的环境融为一体，找回心灵的寂静。山野中的空气，洗净人的躁气，使感觉和嗅觉灵敏。

　　中国人对竹的情结，最早追溯到魏晋时期，竹子挺拔，一年四季青翠，不拒风雨，不怕严寒，它的性格博得文人骚客的喜爱，古代有"梅兰竹菊四君子""梅松竹岁寒三友"美称。他们留下大量的咏竹诗和竹画，以水墨表现竹的形象，传达内在的气韵，对人生的思考，折射竹上。

　　宋代大诗人苏东坡，老家四川眉山，二〇〇五年十一月，我去他家乡参加"走进中国诗书城，走进散文故乡眉山"散文笔会，拜访过他的故居。苏东坡爱竹，笔墨中经常写竹，还要画竹，他有《竹石图》流传后世。苏东坡的竹，不是闲情所至，在宣纸上风雅，而是精神体现。

"扬州八怪"之一郑板桥的竹，一枝一叶，每一笔起落，呈现他的精神品质。笔墨变化之妙，竹的高低错落，浓淡枯荣，超尘脱俗，有竹的气节。郑板桥写竹诗，也和他的画作一样：

一阵狂风倒卷来，竹枝翻回向天开。

扫云扫雾真吾事，岂屑区区扫地埃。

看缙云山上的竹子，想起两位大师的诗画。二〇〇三年，在黄山的小摊上，碰上卖竹筒饭的，一问价格，同事们觉得不值这个钱，就没有品尝。山上有一片竹林，在农民摆地摊前，买两个竹碗，其中一个保养不好，裂开大缝。我心疼在水中泡几天，无奈水无法挽留，只好忍心丢掉。另一个摆在桌子上，装零碎东西。平时不太注意，在我家的生活中有很多竹的影子。

缙云山健身梯对面云清路，路面笔直，我居住的云华路，有一段大弯，路面起伏不平。每次从山上下来，从这条路返回住处，路左面有"世界竹文化博物馆"，外形竹的造型。人行路上，两边种了一大片竹林，竹子向中间倾斜，枝条和叶子，形成竹子的拱洞。人走在里面，看不到天空，闻竹子的清香。第一次走进，我被竹林迷住，眼睛不够使唤，环视每一根竹子，有虫儿在林中鸣唱。雨天这是安静的地方，很少有人来活动。能听到林间微弱的声音，我停下脚步，耳朵朝向竹林，捕捉每一个音响，一滴水珠掉落，从山顶淌下的溪水，鸟儿和虫子脆亮的叫声。只有在单纯的环境下，才能营造出声音。

有一天，我在雨中走进竹林。站在林间听雨，雨滴敲打竹叶和竹干。带着古朴音质，经雨水的弹拨，它们踏着雨的节拍，协奏一曲竹林晨曲。我除了聆听竹曲，仔细观察，一颗颗水珠，沿着竹干淌落。水留下一条踪迹，如同人的脚印，遗下一段历史。枯黄的叶子，在空中挣扎，掉落人行道上。

竹子在南方不算稀罕物，大地上随处可见，竹筒当锅煮饭不是新鲜事。由于地域差异，做法有很多种。大同小异，千变万化，离不开竹筒。

普通竹筒，在生活中起着重要角色，云南景洪各地流行"竹筒舞"，是哈尼族喜爱的文娱活动。将生活中背水的竹筒，演变成为歌舞伴奏的乐器。村寨院坝中心，演奏者们一边歌唱，筒底向地面木板撞击，发出"咚咚"声。人们随着鲜明节奏，围成圆圈，踏着原始音响，欢快起舞。春节期间，"竹筒舞"要跳三天三夜，老年人在一旁，饮酒高歌，唱起叙事的古歌。

云南哈尼族的传统名吃竹筒鸡，历史久远，制法古老朴实，既有鸡肉之鲜甜，又有青竹之清香。竹筒仔鸡安徽风味菜肴，炭火烤制的鸡肉，竹筒的清香冲进肉中，鲜美清香，弥漫自然的烟火味。湖北天门竹筒黄豆蒸田螺，依竹筒的天然野味，做出的菜鲜香麻辣，豉香味浓。竹筒饭能在各种风味美食中，争得一席地位，自有它的个性。

我一次逛磁器口，在拥挤的游客中，特意买了竹筒饭，品尝和缙云山上有什么区别。竹筒比山上稍粗，内容基本相似，在人群中吃竹筒饭，味道相差很大。我喜欢缙云山的空气，山野情调，适合吃竹筒饭。

洞头咸饭

半屏山沿岸断崖峭壁，山势陡峭险峻，这是大自然的神工鬼斧，天然制成。由于地质变化，半屏山一分为二，半屏在洞头。

在左舍·聆海酒店的庭院，可以望到半屏山。距洞头码头五百多米，东部沿岸断崖峭壁，犹如刀削斧劈，望之幽致。东部有生动形象的迎风屏、赤象屏、鼓浪屏、孔雀屏、黄金印、虾将岩、渔翁扬帆、乌龙腾海，四屏十八景，堪称自然界的神奇绝妙。西部的大沙龙沙滩，海岸线曲折，沙细色纯，可以捡螺拾贝，捕捉海里的小鱼虾。海上天然岩雕长廊，连绵数千米，堪称一绝。

洞头与福建、台湾历史文化源远流长，血脉相连，至今岛上沿袭祖先的风俗习惯，咸饭家常便饭，柴火灶上坐一口大铁锅，放入米、鳗鱼干、猪肉及配菜混煮。

迎火鼎，也叫迎火锅，晚清时期，由福建传入洞头。据老一代人口耳相传，每年正月十五至十八晚上，迎火鼎单独活动，最后妈祖诞辰和升天祭日联在一起。小朴的马灯，说的是福建永春的事情，相传，这一年，遇到百年不遇的干旱，庄稼颗粒无收，大灾面前，百姓生存艰难，陷入无粮的绝境。"唐三藏西天取经所骑的白色神马，来到永春援助百姓，使其脱离危难的困苦。"神马爱护民众的举动，感动老天爷，在人们的期盼中，大旱之后，降下一场雨。"元宵游马灯，家家喜盈盈，马首生辉映，年年保丰登。" 民间流传歌谣，讲述孔明灯，清光绪年间从福建传入。每年农历七月二十四普度日，在大仕庙设坛做法事，海滩上放飞孔明灯，祭祀海神，祈求保平安。洞头岛民的祖先，多数从泉州、福鼎闽南地区迁徙过来，当地以闽南方言为主，岛民信奉妈祖。

我们一行人，沿着悬崖栈道向山顶攀登。十一月十六日，北方严寒的季节，家中供应暖气。出门时穿羽绒服，戴上棉手套。对于南方的天气，从手机上天气通了解。来时在拉杆箱里放了夹克衫，应对洞头的天气。果然气温反差大，是北方深秋的样子，穿的衣服厚，总是不断出汗。洞头又是好天气，我脱掉羽绒服，背着相机包，换上夹克衫，登山过程出许多汗。我们来到半屏山顶上，眼界开阔，放眼望去，懂得大海的辽阔。海猪槽是著名景观，它的前面颜色明显变化，有些黝黑，一条条凸凹相间的礁岩，上面有方形小潭，如盛猪饲料的石槽，所以称作海猪槽。石槽内含着一小潭水，涨潮时，海水与潭水交融。退潮以后，潭里的水居然是淡的，这个怪事无法说清楚。

中午会议方安排当地名吃咸饭。洞头的先民从福建移民，闽南咸饭随之而来。咸饭的食材主要有海鲜干、蘑菇和毛笋，多种材料的烩饭。在当地谁家盖房子，或有大事情请人帮忙，都以咸饭招待。孩子十六岁，要挨家分咸饭，以示成长礼的民俗风情。在洞头，女儿出嫁的早上，吃一碗骨头饭。这是女子在娘家的告别饭，也是一锅咸饭，有两根相连的排骨，多了几根葱。借"葱"的谐音，红聪的讨个口彩，象征生活发达。排骨含义深，家人各咬一口，以此告诉新娘，出了这个门，骨肉还是相连。有福别忘娘家，受委屈娘家人撑着。

我们一行人，蹲在大灶台边上，吃着咸饭，感受厚重的历史。

延边石锅拌饭

橱柜里放着石锅，为绿黑色，上面带盖。这是十几年前，我从延吉老家带回，因为喜欢喝酱汤，石锅做出的味道不一样。

每次回老家都吃石锅酱汤，这是最普通的吃法，以高汤为辅，豆腐和土豆为材料。石锅拌饭，又称韩国拌饭、石碗拌饭。它发源于韩国全罗北道，演变为朝鲜半岛代表性食物。朝鲜半岛三大名吃，为平壤冷面、开城汤饭、全州拌饭。

延边石锅拌饭，离不开好大米。延边是水稻之乡，以在寒冷地方种植水稻出名。清同治七年（1868 年），延边种植水稻，主要有粳稻和糯稻。光绪三十二年（1906 年），在和龙县勇智乡大教洞，朝鲜族农民开掘一千多米的渠道，灌溉三十三公顷水稻田，获得较高产量。从此延边的稻田面积一年年增加，成为东北地区的水稻主产区。延边大米味道好、黏性大，营养丰富。龙井市光开乡，有一个小村庄，叫下泉坪。这里土地肥沃，一九四二年至一九四三年间，曾经作为"伪满"皇帝溥仪的"御粮田"。侍弄御粮田的人，三十多岁，名叫崔鹤出的农民，原是朝鲜吉州人。一九三五年，投奔堂姐夫朴宗律，来到了这里。有这样优良的大米，加上食材在一起，煮出来的饭营养丰富，口味醇香。石锅饭的又一个特色，是喝锅巴汤。把石锅里的饭盛碗中，往石锅里倒水，盖焖一会儿。锅巴汤喝起来非常香，暖乎乎的，回味良久。

石锅拌饭最早出现在朝鲜王朝末年的《是议全书》，它以骨董饭、汨董饭称谓出现，有制作方法记载。拌饭真正成为传统习俗，则是一八四九年，朝鲜古籍《东国岁时记》所记曰，"古时代有新年不能吃过夜饭的说法，所以每年最后一天，晚上将当天剩下的饭菜，全部做成拌饭吃完"。意思是说朝鲜宫廷一年中最后一天的菜单，也是拌饭。

石锅由韩国角闪石制成，石料特殊，被称为世界特产，比别的石材耐热性强。因为有了角闪石做锅，产生石锅拌饭。石锅导热快，长时间保持温度。其特点不粘锅，食品不易变坏。石材和铁不同的材质，在加热过程中，会有天然的味道，不可能一样。角闪石固有的微量元素，对身体有益。

二〇一九年五月六日，我打电话给敦化文友刘德远，询问石锅历史和来源。二〇一六年七月，我收到他寄来的散文集，其中有一篇《延边十八怪》。刘德远总结朝鲜族的汤，条条写得准确，无一点夸张修饰。第十二条，从食文化解析民族性格。我在延边生活过二十多年，写了一些文字，对朝鲜族汤理解比较深透。他研究延边的历史和民族文化，所以请教这个问题。放下电话，不一会儿，他打来电话说，找了诗人安雷生，他开过十几年石锅酱汤馆，对石锅有所了解，能说清楚石锅来源。

二〇一九年一月十二日，我回到延吉，离开家乡三十多年，第一次冬天回来。朋友童军从长春赶回，中午请朋友们吃石锅拌饭，品朝鲜族风味。几年没有见，朋友们都老了，友情未变。这家石锅拌饭，在延吉较有名气。石锅饭上来，他热情地帮我把饭盛碗中，盖盖儿焖上，做锅巴汤。

中午喝酱汤，吃石锅拌饭，和友人唠过去的事情，这种情在别处无法找到。回滨州家中，从橱柜里拿出石锅，清水洗净。在早市买一块老豆腐，拿出从东北带的酱，做一顿石锅酱汤。

近日读《朝鲜族风俗百年》，其中一节，二〇〇六年，对石头锅调查的口述史。马英子：女，一九五〇年生，原住和龙市，现住延吉市西市场经营石头锅货摊。

二十世纪八十年代以前，就开始使用石头锅，用铁凿子凿石头做的小锅。朝鲜族喜欢吃炖酱，用铁锅或铝锅炖酱，总是有一股铁锈味儿，于是想起用石头锅炖酱。用石头锅炖酱，没有任何杂味，味道纯正，格外好吃。于是又想起用石头锅焖饭，味道比用铁锅或电饭锅焖出的饭好。石头锅拌饭是朝鲜族人到韩国打工时学来的，韩国人在延吉市创办石头锅饭店以后，石头锅饭广泛传开。用石头锅炖酱需要八九分钟，用石头锅做饭需要二十分钟左右。

石锅酱汤做好，味道怎么不如在老家好喝，琢磨半天，问题出在豆腐上。别处的的豆腐和老家的豆腐不能相比。其实只是原因之一，食物离开生长环境、特有氛围，所有的东西都发生变异，很难原汁原味。

川菜精灵保宁醋

　　走进鱼缸前，猪鼻龟划动四肢，慢悠悠游动，金龙和几条热带鱼疾奔。它们聚集过来，以为喂食物。

　　高淳海养的这些鱼，消耗食料很大，怕它们长得过大，鱼缸空间太小，一天中，只喂一次。桶中的鱼食减少，几乎见底，再不买鱼要饿肚子。高淳海抽上午时间，我们去给鱼买食。"丽景水族"在老城北京路上，他是老客户，老板热情接待，赠一小桶乌龟食料。从鱼食店出来，已经十一点多钟，我们走出不远，在路口"外婆担担面"吃一碗小面。餐馆面积不大，四张桌子。墙上挂着菜谱，标明各种菜价格。餐桌上有一瓶醋，高淳海说这是保宁醋，重庆人只认保宁醋，吃小面离不开，吃火锅更离不开。

我倒一些保宁醋，味道有点特殊。辣椒的辣，花椒的麻，食材在小面中交融，造就重庆人的热辣、直率的性格。保宁醋给我留下深刻印象。后来在餐馆吃饭，都要来点保宁醋，应验"离开保宁醋，川菜无客顾"的说法。

阆中俗话，"到了阆中不买醋，等于跑趟冤枉路"。可见醋的重要性，成为城市的文化符号。四川阆中，古称保宁，所以出产的醋，就用古地名命名。《旧唐书·地理志》："阆水迂曲经郡三面，故曰阆中。"这里地处四川盆地东北部，处在嘉陵江中游，秦巴山南麓，"山围四面，水绕三方"。阆中有诸多美称"阆苑仙境""巴蜀要冲"，唐代诗人杜甫留下千古名句。

广德元年（763 年），秋天时，杜甫第一次到阆州，为好友房琯奔丧，冬末时节，返回梓州。第二年农历正月，杜甫又一次来阆州，应王刺史之邀，住了近三月。在此其间，他参与清明节十日祭祖祭亡友的扫墓活动。目睹思情，感慨颇多，写下《阆水歌》：

嘉陵江色何所似，石黛碧玉相因依。

正怜日破浪花出，更复春从沙际归。

巴童荡桨敧侧过，水鸡衔鱼来去飞。

阆中胜事可肠断，阆州城南天下稀。

唐代"画圣"吴道子欣赏嘉陵江两岸的风光，创作三百里嘉陵江山图，称阆中为"嘉陵第一江山"。阆中在古代曾是巴人活动地区，巴国最后一个国都定于阆中。

巴人善战，早已闻名，远在殷商时期，商王曾多次与巴人交战，周武王姬发用巴人组成三千人的"虎贲"军，牧野一战，使纣王全军覆灭。《华阳国志·巴志》说道："阆中有渝水，民多居水左右，天性劲勇。初为汉前锋，数陷阵，锐气喜舞。帝善之曰：'此武王伐纣之歌也。'乃令乐人学之，今所谓'巴渝舞'也。"

三国时蜀汉大将张飞，任巴西太守，在阆中达七年之久，公元214年至221年，他率精兵万人，击退张郃带领三万人的进攻，取得"保境安民"胜利。张飞伐吴前夕，遭遇暗算，被部下范强和张达所杀，死后埋葬于阆中，后人为其建桓侯祠。

朋友老家在四川阆中，每天春节和清明回去祭祖，二〇一八年，我们一家人在北碚过年。朋友送来精装保宁醋、保宁干牛肉、保宁压酒，还有一袋霉豆干。这些美食中，我品尝过保宁醋，其余的头一次见到。

打开保宁醋，醋香扑鼻而来，身体受醋的冲击，神清气爽。中午包水饺，正好配保宁醋。妻子在山东，用阳信鸭梨醋、山西陈醋和当地产的醋，没有吃过保宁醋。住在西大博士后公寓，每天和柴米油盐酱醋打交道，经常用保宁醋。有一段时间，遇上永辉超市搞活动，每次买一瓶保宁醋。我读过有关保宁醋的资料。

保宁醋创制于明末清初，最初商标是"一只鞋"。因为保宁醋的创始人是山西来的一个叫索义廷的难民，他衣衫褴褛，一脚赤足，一脚靸（把鞋后跟踩在脚后跟下）只鱼尾鞋（没有后跟的破鞋），他的一手绝技就是酿醋。后来，被一家富人知道，

聘请他为技师酿醋。他亲自上山采药制醋曲，用小麦麸为原料，

取嘉陵江水酿醋。他酿出的醋,酸味适度,醇香适口,很受人欢迎,所以取名为"一只鞋"。后嫌名字太土气,改名为"保宁醋"(阆中在明清时为保宁府治)。

保宁醋我国四大名醋之一,始于五代唐长兴元年(公元936年),设保宁军治时,距今已有一千〇七十八年历史。《阆中县志》记载:"以其较为醋,色微黄而味不甚酸,携之出境,则清香四溢,闻者咸知其为保宁醋也。然造醋者必在城南傍江一带,他处则不佳,殆水性使然饮取水之候,以冬为上,故有冬水高醋之名。"

保宁醋取于嘉陵江与白溪濠交汇水,酿制出"冬水高醋"。水质优良,酿醋的技术高,两者交融,发生的不仅是化学变化,最终形成自己特点,创作出保宁醋文化。由于地处嘉陵江,水路运输便利,船载顺流而下,也有旱路长途挑运,保宁醋易于流通,远销陕西、甘肃和河南各地。

午餐在老火店吃,长条木凳,方木桌。几个人吃火锅,听朋友聊阆中历史,关于保宁醋的传说。

济南名菜糖醋黄河鲤鱼,做时有一样东西替代不了,就是泺口醋。泺口醋的记载，可追溯至清代，距今已有三百余年。泺口一条形成于清代的街巷，名为汇源街，得名于刘会岭创办的汇源醋坊。清咸丰五年（1855年），永成醋坊、信诚醋坊也有一定的知名度，南北泺口有醋坊十余家。

洛口，古代泺水入济水的交融处，所以也叫泺口。有人将"泺口"写作"雒口"，而"雒"为"洛"古称，所以"泺口"就变成了"洛口"。洛口明朝时发展成繁华码头，多地的货物由此转运，木材、药材、毛皮等货物在这里集散。洛口是重要的水陆码头，各地富商大贾聚集，菜馆酒楼布满街市，黄河上楼船往来，亭阁飞瓮，气象繁华。1855年，黄河经过一次大改道，夺大清河入海，由于地理位置的原因，洛口变为重镇，黄河航运发达，集市贸易兴盛呈祥，镇中商店密集耸立，素有小济南的称谓。这种改变形成食醋的制作地，当时有上百家，泺口醋的名气越来越大。

泺口醋、保宁醋都是地方名醋，关于两种醋，我都品尝过，也和小妹夫闲聊过，他做得一手好菜，从小吃泺口醋长大。交流半天，为何大有不同，归根于多种因素，与水可能有很大关系。

二〇一九年四月五日，清明节，去济南给母亲上坟，二妹带了塑料桶，说是打醋。回来的路，在魏集收费站不远处，路边有一家小门脸，挂着"大年陈董家醋"的牌子。我们停下车进店中，醋香味扑面而来。地上放着十几口大缸，典型的"前店后厂"。二妹买了桶醋，我也买了一桶。在和店主拉呱中，说起阆中保宁醋，他说那是好醋。

　　回家中煮面条，品尝"大年陈董家醋"。它与保宁醋不是一个感觉，味道不一样。

好吃不如饺子

　　民间有一句话："好吃不过饺子，舒服不过倒着。"这句话有意思，说得不过分。二〇一四年，我在北碚写梁实秋传，读他的《雅舍谈吃》，其中有篇《饺子》。文中说："北平城里的人不说这句话。因为北平人过去不说饺子，都说'煮饽饽'，这也许是满洲语。我到了十四岁才知道煮饽饽就是饺子。"这个说法听说过，但东北老家从不把饺子说成饽饽，那样说让人笑话。

　　堪称一绝的东北冻饺子，别的地方吃不到的。立冬意味冬天开始，有吃饺子习俗，又称为安耳朵，所以奶奶才会说，不吃饺子冻掉耳朵。另外一种说法，饺子源于"交子之时"，立冬指秋冬季节之交，所以饺子不能不吃。

饺子的成色不同，我吃过最低级的饺子。抗战期间有一年除夕我在陕西宝鸡，餐馆过年全不营业，我踯躅街头，遥见铁路旁边有一草棚，灯火荧然，热气直冒，乃趋就之，竟是一间饺子馆。我叫了二十个韭菜馅饺子，店主还抓了一把带皮的蒜瓣给我，外加一碗热汤。我吃得一头大汗，十分满足。

　　我也吃过顶精致的一顿饺子。在青岛顺兴楼宴会，最后上了一钵水饺，饺子奇小，长仅寸许，馅子却是黄鱼韭黄，汤是清澈而浓的鸡汤，表面上还漂着少许鸡油。大家已经酒足菜饱，禁不住诱惑，还是给吃得精光，连连叫好。

　　一顿美味饺子，让梁实秋念念不忘，普通食物背后深藏文化。我家星期天中午，无特殊情况，总是包饺子，这似乎为一条不成文规矩。馅子菜料随季节而变，春天头刀韭菜下来，鲜美不辣，新嫩味香。早市有一张姓老汉，他家是种韭菜专业户，每天上市卖得很快，晚了有时买不到。夏季吃茴香馅，茴香的叶与果实均有特异香气，其果实又称小茴香，可做香料；嫩叶洗净后切细，加盐、味精以及其他调料拌食，味清香，促进食欲。

也可包饺子，做包子馅。冬天大多白菜和芹菜，两种家常菜馅。

我包饺子是跟奶奶学会的，父母上班忙，奶奶让小孩动手。说不会包饺子不行，长大以后，让人家笑话。奶奶教擀皮子，揪剂子，捏饺子。我现在揪剂子不使刀，醒好的面搓成柱条。左手攥住柱条，拇指和食指圈成圆形，摘出柱条，右手拇指和食指，揪住摘出的柱条，同时往相反方向发力，揪下剂子，大小均匀，速度又快。母亲包过一次水饺，从此以后，再未吃过。我多次尝试，按照母亲的做法，时过境迁，找不回那种味道。一九七二年，我家从龙井迁往延吉，在文化宫住半年多，终于分到一套住房。上海知识青年周信荣和母亲单位人来帮忙，把不多的家什搬至新家。中午母亲买回韭菜，打开两个猪肉罐头，包了一顿饺子。后来买过许多次猪肉罐头，包韭菜馅饺子，结果不尽人意，找不回少年时的感觉。现在只要去超市，看见猪肉罐头，就想买两个回家包饺子。

饺子的叫法诸多，不同时期，各有各的叫法。饺子起源于东汉时期，已有一千八百多年历史，医圣张仲景所创。当时饺子不是主食，而是药用，为了治好病人，避免耳朵生冻疮。张仲景采用面皮裹上祛寒药材治病，后来变成家常面食，深受百姓喜爱。每逢新春佳节，饺子是不可缺少的主食。

我喜欢寒假去姥姥家，年三十的包饺子是大事。老百姓有一句话"谁家过年不吃顿饺子"，过年必吃的美食，全家老少一起动手，忙成一团。

年三十儿，晚上十二点，放完鞭炮，开始吃饺子。大多现吃现包，同时包出初一饺子，包好后放在户外冻起来。饺子摆在盖帘上，放在门口柴垛上，不出几分钟，表壳冻硬。

除夕夜的饺子代表美好祝愿，外面响起鞭炮声。冬季漫长，大家凑在一起唠嗑儿，讲志怪故事。那个年代没有电视，条件好的家庭，有一台"红灯"牌戏匣子。

外面寒风呼号，炕烧得烫手。吃完晚饭，馅子拌好，和的面醒起来。炕上铺一块黄帆布，搁上大面板，准备就绪。大家东扯西拉，无固定主题，这个夜晚与往日不同，人们尽量说过年话，说走嘴老人不高兴。饺子煮坏了，不说坏，说是挣破。摔碎东西，说碎碎平安，取其谐音。每句话，在不同人家的炕头，表达不可能一样，留给人的感受自然不相似。饺子谐音交子，表达新旧交替。除夕夜和初一早晨的水饺，称为"元宝"。饺子中包几个硬币，孩子们吃到不仅得钱，也是新年的好兆头。除夕煮饺子，从锅中捞几个饺子丢外面，老人说"敬过路的鬼魂"，当然这是迷信的旧说法。饺子捞出后，锅里放一枚硬币，意寓期盼来年好运。

姥姥家落地灶坑，烧大木桦子。杂木火硬，烧得大铁锅中的水滚沸，姥姥端起盖帘上饺子，麻利倒进锅中。桦子烧得旺，锅很快沸腾，饺子浮于水面。姥姥点一些凉水，循环三次，饺子煮熟，壮观场面达到高潮。姥姥拿过大盆，几笊篱捞出锅中饺子。不用分盘装，一盆饺子气派上桌，大家动筷子吃。

梁实秋吃过"顶精致的一顿饺子"。我在北碚和他不同，吃过一次失败饺子。二〇一八年十二月，我和高淳海逛一家超市，买点过节的食品，经过卖水饺柜台，饺子包得号大，如同北方的蒸饺，不管形象好歹，我们决定买一些回住处，中午不做饭了。饺子煮出来，极难吃，皮厚馅干，我们一边吃，一边笑着说，这顿饺子令人难忘。在北碚买了大菜板，两个竹盖帘，想吃饺子，自己动手包，不再去超市买，吃一次亏，长一次记性。

二〇一九年五月一日，妻子去北京，临行前叮嘱，家中有一把芹菜，把它包饺子。我独自在家，读丹尼斯·奥德里斯科尔的《踏脚石：希尼访谈录》。中午把芹菜剁成馅，包一顿饺子，过了一个劳动的节日。

赏菜包

我国的美食博大无边，隐藏不薄的文化。二〇一三年十一月二十六日，读梁实秋讲菜包，从他的文章名字，我以为菜包——擀出面皮，白菜剁碎拌入作料，有肉更好，拌鸡蛋也行，抓一把虾皮子，包完后，上锅中帘子蒸熟。我读后才明白，自己才疏学浅，没有读懂梁先生的文字，乱下结论。梁实秋说的菜包，不是菜包子，一个"子"字之差，内容发生巨大变化。

梁实秋平淡叙述，把读者带入氛围中，美食中学到文化。一开始，我阅读走向相反方向。梁实秋说华北的大白菜，堪称全国一绝，对这一带的大白菜评价极高。他说山东有黄芽白，行销江南一带，深得当地人喜爱。梁实秋讲个小故事，他亲戚在哈尔滨，这个地方历史上为苦寒地，夏短冬长，一场雪后，蔬菜变得尤为珍贵。每逢阴历年，梁实秋家请人带去大白菜，做礼物，普通的家常菜，对于亲戚而言，如获至宝，这如同传说中的事情。而当时在北平，大白菜是"贱菜"，一年四季都能见到。大雪落后，初冬经常遇上推小车的贩子，沿街叫卖大白菜。人家很少一两棵买，一般一车车买，贮存起来过冬。夏天大白菜更多了，这是产销旺季，它的吃法多，梁实秋列举系列吃法："炒白菜丝、栗子烧白菜、熬白菜、腌白菜，怎样吃都好。"这么多的花样，最喜欢吃的是菜包。

梁实秋如数家珍讲解菜包的做法，取大白菜，不能挑小的，选壮实的大个头，一层层剥帮子，最后只剩菜心。每一片叶子，做半弧形，下半截菜帮子，凭自己的眼力切去。将菜叶洗净，控干水分待用。准备几样余下的食物：

一、 蒜泥拌酱一小碗。

二、 炒麻豆腐一盘。麻豆腐是绿豆制粉丝剩下来的渣子，发酵后微酸，作灰绿色。此物他处不易得。用羊尾巴油炒最好，加上一把青豆更好。炒出来像是一摊烂稀泥。

三、 切小肚儿丁一盘。小肚儿是猪尿泡灌猪血、芡粉煮成的，作粉红色，加大量的松子在内，有异香。酱肘子铺有卖的。

四、 炒豆腐松。炒豆腐呈碎屑，像炒鸽松那个样子，起锅时大量加葱花。

五、 炒白丝，要炒烂。

取热饭一碗，小碗饭大碗盛。把蒜酱抹在菜叶的里面，要抹匀。把麻豆腐、小肚儿、豆腐松、炒白丝一起拌在饭碗里，要拌匀。把这碗饭取出一部分放在菜叶里，包起来，双手捧着咬而食之。吃完一个再吃一个，吃得满脸满手都是菜汁饭粒，痛快淋漓。

民俗学家关云德，对满族大酱考证说，"据说这种习俗与清太祖努尔哈赤当年南征北战打天下有关。努尔哈赤统一女真各部后，又率兵南下，要完成统一大业。由于连年征战，军中经常缺盐，军队将士们的体力明显下降。老罕王终于想出一计，每次行军到一个地方，都派兵士们去征集豆酱，做成酱块，用作军中必须保证的给养。行军打仗，每顿以酱蘸食山野菜为主要副食菜品。每打一次胜仗，为了给作战将士们补充营养，都将白菜叶洗净，厨师们制作出四种菜酱，有榛子酱、黄瓜酱、豌豆酱、萝卜酱，包菜包吃，这种方便快捷而富有营养的食品，大大提高八旗将士们的征战能力，在军事上赢得宝贵的时间，打了许多大胜仗，清军一路南下所向披靡，八旗将士们都称酱菜包为'胜利包'，满语称为'乏克'，即吃'包儿饭'的意思。"

"包儿饭"我的家乡延边叫打饭包，大人小孩都好这口。生菜摊掌中，放上一勺米饭，几段香菜和葱丝，夹一点酱裹起包来。只要有酱，有生菜和米饭，人们总要打饭包。这种吃法，一代代传下来。

远离家乡，我未改吃酱的习惯，一天三顿饭，弄一点生菜，打几个饭包，一顿饭吃得有滋有味。我来山东三十年，从家乡带来的习惯未改。

梁实秋也是通过一位旗人，才知道这么寻常的菜，也是满族人的吃法。吃法不算复杂，不经常下厨房的人留心，也能很快学会。梁实秋认为"无不称妙"，他用菜包曾经多次待客，得到不少赞誉。

一杯东山白蜜

二〇一八年，妻妹借十月一长假，一家人开着商务车，从东北老家延吉来，去青岛游玩，途经滨州。她捎来一桶长白山椴树蜜，妹夫朋友家在山里养蜂，这是纯天然蜜，不添加任何制剂。椴树蜜呈乳色，黏稠透明。温度高时液态，温度低凝固，能够形成结晶体，山里人称为起砂。

每天清晨起来，抠一勺椴树蜜，放入杯中。冲时水温不宜过高，热水和椴树蜜交融，飘出香味。空腹喝一杯，对身体有好处。椴树蜜含丰富的葡萄糖，缓解失眠，润肠通便、解毒润燥、增强身体免疫力。我的血糖略高，对于含糖量高的食物特别注意。但在椴树蜜面前，经不起诱惑，沏一杯淡蜜水。过去日子穷，每天苞米面大饼子，宁可饿肚子，也不愿吃一口。母亲想办法让多吃，从罐头瓶子里扣一勺起砂椴树蜜，抹在大饼子上。它有独特的口感，能把饼子吃下去。

我父亲朋友作家张笑天创作的《雁鸣湖畔》，写的是牡丹江流域故事，讲起牡丹江两岸，一肚子故事。那里是满族发祥地之一，早在商周时期，满族祖先在这一带繁衍生息。当时牡丹江两岸，森林遮天蔽日，枝叶茂密。山林中生存着各种兽群，经常听见虎啸狼嗥。这片土地水源充沛，江河密织，水深流急。丰富的水系流经森林，带来有机物和浮游生物，水质含氧量充沛。林深密茂，少有人来往，没有受破坏。所以水质纯净，酸碱度适宜，适合各种鱼类的生长。牡丹江鱼类素有"三花、五罗、七十二杂鱼"之称。

在牡丹江流域的森林中，黑熊是较有名的大型动物之一，当地人称黑瞎子。黑熊喜爱吃蜂蜜和蚂蚁，偷吃蜂蜜时，用前掌胡撸脑袋"气"得叫唤，在蜂群的攻击下，拼命逃跑，皮肉疼痛又使之发脾气。为了止痛，黑熊找到河水，不断用河水洗脸，抓湿泥涂脸上。老百姓俗话说，狗改不了吃屎。它是个记吃不记打的馋鬼，一有机会，又去偷蜜。

张笑天不愧是作家，讲得有声有色，从此以后，每次吃蜜想起他讲的故事。对牡丹江的描写，尽展古代大自然情景。我在文字密林里穿行，闻到清新的风，听狼嗥虎啸，看黑瞎子戏蜂调皮。触摸满族历史，先人们在这里繁衍生息，篝火中烧烤肉食的香味，存留于这块土地上。

椴树为高大阔叶乔木，长白山特殊树种，花可入药，具有解表清热功效。椴树属于乔木蜜源植物，它和草本的不一样。每年椴花开的季节，六月中旬至七月中旬。花开时，空气中弥漫芬芳的香气，传播很远的地方。此时蜂采出的蜜，称之蜜中极品。光绪十七年郭布罗·长顺将军，他是清朝末代皇后婉容的曾祖父，主持编修吉林省第一部官修的全省通志《吉林通志》记载：

蜂蜜，打牲乌拉贡白蜜、蜜尖、蜜胚各十二匣，生蜜六千斤。岁寒露节后，由三旗派骁骑校、委官三员，领催、珠轩头目、铺副、打牲丁六百，有八协领署派兵一百五十，分三莫音赴舒兰、和伦、冷风口、珠奇采捕生蜜。别遣委员一员，领珠轩头目、铺副、打牲丁三十有五为一莫音，专捕白蜜暨蜜尖、蜜胚。

清朝时期，吉林乌拉特设打牲乌拉总管署和打牲乌拉协领署，采捕贡蜜，划出二十二座贡山、六十四条贡江河口，专司蜂蜜、鲤鱼、东珠、红松子，为皇家贡品的采捕。打牲乌拉采捕蜂蜜贡品，在清朝持续二百多年。采捕队伍不能随意进山，要由乌拉总管衙门的官员，去吉林将军府请领过卡票照。每个队伍一张通行证，清楚注明官丁人数姓名、米、枪、车和牲畜，回来必须缴销。

采捕蜂蜜不是容易事，不仅付出辛苦劳动，有定额分配，并有质量要求，赏罚奖惩分明。《打牲包拉志典全书》记载，康熙年间规定，那时包装改用坛子，"如果采蜜丁额外交蜜，十坛以上，拟赏给采蜜之领催彭缎一方。如果一连多交三年，即赏云肩袍料一方。如得赏三年，格外添赏貂皮搭护一身，如亏九坛以下免责；亏十坛以上，每坛折二鞭。如领责三年，将管领催鞭责一百，降归打牲丁内"。康熙年间东北地区进贡定额为一万零五百斤，嘉庆年间减至七千七百八十斤。长白山椴树蜂蜜，用于宫廷的祭祀，满族及其祖先喜食甜食，这概与兴安岭及长白山区多野蜜有关。蜜甜不伤脾胃。满族又喜黏米饭和黏饽饽，吃时蜂蜜拌饭。各种黏饽饽离不开蜜，形成饮食习俗。蜂蜜为宫中膳食不可缺的调味品，做萨其马、蜜果、豆面饽饽、江米条，都要用蜂蜜。

乾隆皇帝御笔亲题"一杯东山白蜜，胜似宫廷茗茶"。其中的东山，指清朝皇室对长白山以东特定区域的称谓。东山白蜜，就是长白山椴树蜂蜜，东山红蜜是说长白山各种山花的杂蜜，亦称"百花丹"。

清太祖努尔哈赤所在的建州老营区，有七处"蜂蜜沟"，都是著名的蜂蜜产地。尽管这样，他对长白山的蜂蜜情有独钟。

东山白蜜，长白山椴树林中生产的椴树蜜，山高林远，无污染，纯天然无添加剂。洁白细腻的结晶状态，长期保持椴树蜜香味。

每年进入六月，在长白山林区，生长着大面积的椴树林，这是最好的天然蜜源。南方的放蜂人，也带着一箱箱蜜蜂来长白山林区。在林子边搭起帐篷，选好位置摆上蜂箱，开始一季的采蜜生活。

　　二〇一九年六月，妻妹送的椴树蜜，剩有小半桶。起砂的椴树蜜，不舍得喝，在山东买不到这么纯的好东西。

山马菜包子

龙口市七甲镇梨花盛开时节，由龙口市文化和旅游局、万松浦书院、七甲镇联合举办的首届莱山笔会，在龙口市莱山脚下举行，省内外七名作家和龙口市文化名人应邀参会。

二〇一九年四月十七日，七甲镇朱家村的梨花，正值开花期，成千上万的梨花，压满枝头。莱山春天最美的季节，站在山上望去，梨花雪一般洁白，张开娇美花瓣。漫步山道，空气中弥漫花香，随风扑鼻而来。

中午在莱山南麓朱家村的农家乐，吃山野风味的午餐。登一上午山，大家有些饿，食欲非常好。桌子上的菜没有上多少，先来大盘包子。外地客人在品尝传统名吃，无不为龙口包子造型吸引，指着包子上的皱褶说："龙口的包子上面卧着一条龙。"

传统的包子，左手托皮，右手拨入馅，掐包的拇指往前走，拇指与食指捻开褶，收口按好。当地的包子则是大饺子状，掐成一条褶，如同盘着的龙。蒸包子不用屉布，每个包子下面，铺棒子叶。

包子大约在魏晋已经出现，晋代文学家束皙在《饼赋》中说："三春之初，阴阳交际。寒气既消，温不至热。于时享宴，则曼头宜设。"他所说的"曼头"其实是包子。在漫长时间中，人们对"曼头"有了新的认识，包子一词使用则始于宋代。

宋代著名诗人陆游写了《蔬园杂咏·巢》诗曰：

昏昏雾雨暗衡茅，儿女随宜治酒肴。

便觉此身如在蜀，一盘笼饼是豌巢。

陆游注释："蜀中杂彘肉作巢的馒头，佳甚，唐人正谓馒头为笼饼。"这里的"巢"指馅，"馒头"亦指包子。

北宋陶谷《清异录》谈到 "食肆"，这是卖食品的店铺，已有卖"绿荷包子"。南宋耐得翁在《都城纪胜》中说，临安酒店有三种，分为茶饭酒店、包子酒店、花园酒店。包子酒店专卖鹅鸭肉馅包子。宋代王栐撰《燕翼诒谋录》写道："仁宗诞日，赐群臣包子。"

现在包子是平常食物，各地叫法有区别，内容差不多。南北的包子，个头大小不一，馅料略有不同，棒子叶做屉布，我是第一次见。主人卖个关子，问大家这是什么馅，咬一口感觉马齿苋。主人笑着说，这是你们在菜山上看到的山马菜。它和马齿苋不是同类，不注意的话，觉得是一种菜。前几天下了一场大雨，如果没有及时雨，今天怕吃不上山马菜包子。

我问当地民俗学家，他说山马菜，学名山苜楂，又称山妈菜、山珍菜，多年生草本植物。几场春雨过后，山马菜拱出大地，每根梗上，对生两片叶子，与后生的叶子交叠，初为翠绿，逐渐变成褐红。

每年清明节后，是山马菜最佳的采集时间。嫩茎摘下，洗净后搓揉，去尽泡沫，拿开水烫好，即可食用。

想吃山马菜费工夫，为了除净苦涩和皂苷成分，浸泡十几个小时。也可揉净，开水一烫，晒干备用。食用时温水泡开，切碎烧制，或凉拌，配粉丝、豆腐丁和肉丁做包子。

上午我们登山途中，在真定寺遗址发现山马菜，一直认为是马齿苋。这次龙口行，让我们走进莱山，作为古代名山，莱山曾经是封建帝王祭山祭神的地方。二十四史之首的《史记·封禅书》载录："天下名山八……五在中国（中原）。中国华山、首山、太室、太山、东莱。"古人祭祀莱山的习俗由来已久，其源头追溯至古时诸国的"镇渎之祭"，当时各国为求得四方安定，均选境内重要山岳作为镇山祭祀，莱子国镇山便是莱山。秦尚未统一中国之前，莱山是天下八大名山之一，也是古时帝王祭天圣地。据档案资料记载，早在四千多年以前，黄帝来过莱山祭神。

莱山行不仅考查历史，享受当地美食，又有新收获。山马菜也是药材，在中药中叫银柴胡，别名银胡。退虚热、清干热、解毒和利水。作家张炜老家就是龙口，他生长在这片土地，在文章中说：

即便在极度贫瘠的地方，也仍然有上好的吃物，有让人垂涎的东西。这与该地的物产饮食习俗有关，更与当地人的特殊口味相联系，说到底还是水土问题。地方美食不可以取代，一种极普通极简单的地方名吃，连最名贵的山珍海味都不能替代。有人将其归结为一种文化，从形而上去加以解释。

作家张炜说，能代表一个地方的味道，不是好吃的问题，而是文化的表现，什么都不能替代。我生活在鲁北平原，大地生长马齿苋，却不能有山马菜。美食和地域文化紧密相连，不可分割。龙口的包子和别处不同，吃山野菜包子，从中可发现历史踪影。

手擀春饼

参加首届莱山作家笔会，登上莱山之后，领略自然风光，也了解历史文化。晚饭餐桌上，大家交流一天收获。服务员端上草囤子，里面放着春饼。清明刚过几天，又是在莱山脚下吃春饼。

当地民俗学家王玉珉，出了上下两册《老黄县》，记录过去的民风民俗。他文章中说："莱夷古风（莱夷，古国名，殷周时分布在今山东半岛东北部，见古籍《书·禹贡》），立春这天家家户户烙春饼，吃春盘，经过历代沿袭相传，至清末民初这一食俗又突破立春日之局限，春饼春盘逐渐成为人们春天的大众化食品。"

东北人称"打三春"，有卷春、啃春和鞭春风俗。卷春，一个卷字变得深刻，就是将春卷进来，融在身体中。烙好的薄饼卷上豆芽、大葱以及酱料一块儿吃，起个美好的名字，叫做吃春饼；啃春，萝卜清爽微辣，顺气健体，人们啃几口，增加春天的气息，身体更好有活力；鞭春，民间称打春牛，《京都风俗志》中记载：宫前"东设芒神，西设春牛"。这里说的芒神，就是春神，主宰一年的农事。老北京庙会里，一般都会卖春牛图，前面牵牛的男子就是芒神。

春饼做法不复杂，开水烫面，拌匀加油。再一次揉匀，搓成长条，剂子刷上油，撒干面粉，上面再放剂子，擀成圆形薄片，急火烙熟。既薄又圆，柔软筋道好吃。

吃春饼各地都有这个风俗，叶饼，也做合叶饼，一张饼分为两层。满族有农历二月吃荷叶饼习惯，故称为春饼。荷叶饼用白面做，制作时两层之间放食用油，擀成双层薄饼。

清朝的满汉全席一百二十八道菜点中，春卷是九道点心之一。清明节，满族还有"妈妈令"，这一天吃鸡蛋和豆腐，要吃春饼。手擀的春饼，形状如荷花叶。过去有钱的人家吃春饼讲究，肉丝炒绿豆芽、葱丝蘸面酱卷在春饼内，吃着又香又软。

普通人家鸡蛋炒豆芽加粉条，卷入春饼。

过去我家吃春饼是大事，相比往日起得早，和好面，放在一旁醒会儿。母亲忙着洗豆芽，切土豆丝，这一天破例炒鸡蛋。忙半天，母亲先擀饼坯，烧热大铁锅，就可以烙春饼。我的任务是摇风匣，侍候好火。一张张饼烙好，放在黑陶盆中，上面盖白纱布。空气中弥漫饼香味，空腹的肚子，不争气地发出响声。

荷叶饼，由秦汉白饼演变而来，已经有两千多年的历史。宋代孟元老在《东京梦华录》中有荷叶饼记载。清代童岳荐编撰的《调鼎集》是一部清代的烹饪书，其中记录："薄饼：秦人制小锡罐，装饼三十张，每客一罐饼，小如柑，罐有盖，可以贮。馅用炒肉丝，其细如发，葱亦如之，猪羊并用，号曰'西饼'。"由此可见，秦人制薄饼，相当于现在的荷叶饼。中间抹上素油饼坯，两个叠放在一起，一次烙两张，烙出的荷叶饼柔软。荷叶饼卷菜，各有所好，可卷素，也可荤吃。

从草囤子中拿出春饼，有一种亲切感。卷饼菜很快上来，炒鸡蛋、肉炒韭菜、绿豆芽，一盘炒龙口粉丝。我在不同的地方，吃过很多次春饼，第一次见上了大盘龙口粉丝。龙口粉丝远近闻名，我在北碚永辉超市发现卖龙口粉丝，当时感觉特别亲切。我隔着桌子，向民俗学家王玉珉请教，回书院住处读他写的《老黄县》。

清代中叶以后，海禁有所松动。康熙四年（1665年），准许山东等地方居民下海捕鱼。康熙八年（1669年），再批准宁波一带居民出海，开始做贸易。康熙十九年（1680），又开禁山东海船出海，同时可做贸易。在这种背景下，黄县由于独特的地理环境，生产的粉丝和一些产品，经烟台等海口外运，在新加坡等地销售。

乾隆年间，地瓜传入胶东，有粉匠制作绿豆粉丝，将地瓜淀粉和高粱淀粉混合在一起，充作绿豆粉。而黄县人本着诚信，不为眼前的利润所心动，坚持守住质量关。用绿豆为原料制作的粉丝，经龙口销往海外，粗细均匀，洁白光亮，被看作粉丝中的佳品。经过市场的辨别，黄县粉丝得到好评，打开新的局面。民国初年，龙口开埠，水运和内河，又有外海得天独厚的资源，四通八达，粉丝形成自己的销售链，创造出响当当的牌子。

在资料上，我看过清代龙口福元盛粉庄商标，从中寻出许多记忆。龙口开埠，促进经济大循环，加快物流交易。

拿一张春饼，卷入龙口粉丝，历史在眼前出现。莱山土地种出的麦子碾成面粉，做出春饼。食物有丰富性，不仅指所含的营养，做出的口味，留下的滋味。美食地域文化的反映，具有复杂性，唤起人们对历史的回味。

我家经常烙春饼，不受时间制约，也不一定在春天烙。卷饼的菜随意，炒土豆丝，鸡蛋炒韭菜。每次吃，回味历史上的事情，这是无法更改的。想吃母亲的烙饼，味道不一样。

老特产合川桃片

　　老重庆的特产，合川桃片绵软，色洁白，漫着桃仁和玫瑰香味。桃片薄，入口即化，回味无穷。

　　我经常去超市买桃片，读书累了吃几块。二〇一八年，春节一家人在北碚度过，阴历二十九逛磁器口。已有一千八百年历史的磁器口，素称"巴渝第一古镇"。妻子第一次来游玩儿，小吃必不可少。虽然高淳海多次带回家桃片，对于它并不陌生，但现切现卖还是头回见。我们买一些鲜桃片，一边品尝，建议妻子多买些，带回山东当小礼物送同事。

　　大年初一，我们商量游合川，此地离北碚三十多公里，坐车一小时。去合川起因桃片，合川也是重庆通往陕西、甘肃各地的交通要道，以及渝西北、川东北的交通枢纽。历史上，在巴人入川前濮族人居住地，铜梁山下巴子城，曾经是巴国别都。

南宋开庆元年（1259 年）十月，蒙古军队在潼川府路合州，就是现今的合川区，打响钓鱼城之战。称为"上帝之鞭"的元宪宗蒙哥，被流弹击中身亡，这个发生的突变，改变欧亚战场的格局。从此之后，欧亚各战场蒙古众王，回师争夺汗位，使得南宋王朝延续二十年。祥兴二年（1279 年）正月，钓鱼城终于被占领。三十六年马拉松似的保卫战，以弱胜强。

合川巴文化的发源地之一，有钓鱼城、涞滩古镇历史文化古迹。许多名人曾在此生活过，如卢作孚、陶行知、周敦颐、张森楷。

我上小学学的课本，有篇课文《少年英雄刘文学》。

一九四五年二月，刘文学出生于四川省合川县，现今属于重庆市渠嘉乡双江村贫苦农民家庭。从小受地主老财欺压，直到中华人民共和国成立后，全家才过上好日子。

一九五九年十一月十八日，刘文学晚上从队里干活儿回来，发现地主王荣学偷摘集体的海椒，阻止其偷窃行为。王荣学的收买和威胁手段，没有动摇刘文学爱护集体利益的决心。王荣学气急败坏，顿起歹心。刘文学与地主展开搏斗，终因年少力薄，厮打中被掐死，年仅十四岁。

这篇课文在少年的记忆中，留下深刻印象。当时我在龙井东山小学，窗外不远处是图长铁路，每天有火车经过。孙老师讲到地主王荣学偷集体的海椒，被少先队员刘文学发现，在搏斗中，刘文学遭杀害。我买过《英雄少年刘文学》的画本，装在小书箱中。多少年后，我在北碚吃合川桃片，才和刘文学家乡对上号，回忆孙老师讲课的情景。

合川桃片有着悠久历史，可以追溯至清末时期。清光绪二十一年（1895年），"祥云斋"糖果铺，已经生产甜桃片。在此以后，内江人朱国祯、蒋盛文诸人，也在合川城申明亭开设"同德福"典当，为扩大经营范围，同时在苏家街创办"同德福京果铺"，出产各种蜜饯、糖果。他们以商人的敏锐发现商机，对"祥云斋"的桃片改进，"初步生产出具有色白、离片、绵软等特点的桃片。"光绪二十四年（1898年），举人张石亲，将"同德福"桃片、"易正茂"盐梅作为当地特产带往外地，作为礼物送给老师和朋友。由于桃片味道鲜美，与众不同，大受人们欢迎。

民国五年（1916年），"同德福"糖果业由余鸿春接手，后来由儿子余复光继承。余复光遗传经商的基因，从小听得多、见得多，自然而然受到影响。精明干练，做事不拘泥旧法，懂得随机应变。他眼光远大，深知桃片要发扬光大，必须提高质量。他在材料上下功夫，"糯米一律用上熟大糯米，糖选用当时市场上最好的英国太古公司白糖"，桃仁和麻油都是优质原料。他严格认真要求，绝不能有一丝大意，对每一道工序，讲究精致，精工细作，"研究刀法，每斤规定在二百五十片左右。再次，他在选料、磨粉、搅糖、蒸块、包装等每道工序上，都定有详细规章，按章办事"。严格把关质量，不合格的产品，一律不准出库。这些规章制度，保证了"同德福"桃片的质量，因此在同行业中，一直是"排头兵"。

合川处于嘉陵江、涪江、渠江三江交汇地，属于亚热带湿润气候。昼夜温差变化不大，湿度高，糯米粉吸湿均匀，部分被微生物降解。独特的地理环境，造就天然条件，是主要的根源。

"同德福"也是一家老店，一九二六年，费城世博会上获得金奖的合川桃片，由百年老字号"同德福"所生产。车窗外，进入合川地界，想去找"同德福"，买几盒桃片。不知道自己的想法，能否实现。

芥末墩儿

偌大的北京，汪曾祺走过不少地方，见过最好的菊花在老舍先生家里。他有个不成文规矩，每年两次请北京市文联、文化局的朋友去家中聚会：一次农历腊月二十三，老舍先生的生日；再就是重阳节前后，友人喝酒赏菊。老舍先生莳弄的菊花怒放，一朵朵争奇斗艳。

老舍先生有意叫大家品尝地道北京风味，芝麻酱炖黄花鱼，汪曾祺从未吃过，吃了以后，再没有机会享受。老舍先生家的芥末墩儿，味道相当纯正。有一年，他订两个"盒子菜"，朱红扁圆漆盒，直径三尺许，分隔开多个格子。装的食物，火腿、腊鸭、小肚和口条一类的肉食，做得很精致。不大一会儿，端上熬白菜，老舍先生让大家品尝。老舍先生养花，在文字中写自己与菊花为伴，表达热爱生活的感情。

二〇一八年四月，我在西大博士后公寓，创作《汪曾祺的植物》一书。阅读他的作品中，有一篇《老舍先生》，谈到去老舍先生家吃芥末墩儿。

北京东城乃兹府丰富胡同有一座小院，清乾隆时叫风筝胡同，宣统时改为丰盛胡同。一九六五年整改地名时，由于西城区有一个丰盛胡同，名字相同，于是便改丰富胡同。二〇一八年四月，我和高淳海来北京，住在王府井附近，步行不过半小时。读了老舍先生的许多作品，我去过他在重庆、济南故居。来京第二天，推掉所有的事情，专程拜谒老舍先生故居。

一九四九年十二月九日，老舍先生由美国回国抵达天津，两天后到自己的故乡北京，受到周总理的接见。一九五〇年四月，老舍先生买下东城当时为乃兹府丰盛胡同十号，就是现今的丰富胡同十九号。普通的四合院，老舍先生在这里生活十六年，曾多次接待重要客人来访，创作一些作品。

丰富胡同十九号，一座二进四合院，老舍先生对小院满意，在院子里种了两棵柿子树。每逢金秋时节，柿子挂满枝头，老舍夫人胡絜青，给小院起个名字叫丹柿小院。

老舍先生在这院中，不仅创作出传世之作，也有一些普通生活中产生的乐趣。他每天写作累了，养花是生活中的一部分，花朵大小好坏无所谓，只要开花，心情快乐。

老舍先生在丹柿小院里，过着普通人的生活，创作大量话剧以及小说作品。《龙须沟》描写北京小杂院四户人家，在社会变革中的不同遭遇，表现新旧两个时代的巨大变化，是一部歌颂新中国的大戏。一九五一年十二月，北京市人民政府授予老舍"人民艺术家"的称号。

院子不大，来往的客人都是文化名人。我读汪曾祺的文字，似乎看到他在菊花飘香的日子，走进老舍家赏菊花，吃地道的老北京芥末墩儿，这是老舍先生家的名菜。

老舍先生家有一样菜远近闻名，有客人来，往往点名索要，这个菜就是"芥末墩儿"。老舍与胡絜青刚结婚的时候，头一回单独以小家庭的形式过年，老舍心血来潮，"命令"夫人动手做几样家乡的年菜吃吃，头一道就点了"芥末墩儿"。夫人胡絜青当仁不让，一口承诺下来：没问题。可是心里打了鼓，不会呀。在娘家当姑娘时，年年都吃，就是一回也没瞧见是怎么做的，眼睛全在书本上。

夫人很麻利地买来了大白菜、芥末面儿、糖、醋和大绿瓦盆。从备料和容器上看，一点儿都没错儿。可是一碰工艺，全完。据老舍夫人胡絜青说：她先后一共失败过三回，而且是全军覆没，惨败。当时老舍非常高姿态：没关系，没关系，事不过三，第四次准成。其实，这三次失败的原因，恰恰是做芥末墩儿的主要秘密之所在，掌握好这三条，八九不离十，基本上没问题。

首先，是白菜要选重的，沉甸甸的，抱心抱得紧的，而且要长得细长的，只取用下半截，要帮子，叶子部分少用，和熬白菜汤与涮锅子正好相反。

其次，将白菜横切成一寸厚的菜墩儿之后，放在漏勺上，用汤勺舀沸水淋浇三次，不可多浇。多浇白菜就熟了。这两条能保障芥末墩儿做出来是脆的，而不是烂泥一摊。好芥末墩儿必须是脆的。

还有一条工艺也至关重要：将浇好的白菜墩儿码在盆里，

每码一个都要盖好盖子，码完整整一层之后，撒上芥末、糖，并加上米醋，立即盖上盖儿；再码第二层，再撒一次芥末、糖，加米醋，一直到摆满一盆为止，盖好盖儿，盆外上下左右包上毯子或者小棉帘一类的保温材料，让芥末"发一发"，搁上三天，便可以取而食之了。没有这一道"捂"的工序，芥末墩儿做出来不辣，不"冲"鼻子。

芥末墩儿的诱人之处就是这个"冲味儿"，痛快，淋漓尽致让人流出眼泪来，合不上嘴！一盘这样的芥末墩儿端上来之后，往往是风卷残云，顷刻之间就被抢光，有的人还端起盘子，把汤也喝下去，连喊：美哉！美哉！吃到这个份儿上，老舍必高叫一声：再拿一盘来！

汪曾祺说，老舍先生家的芥末墩儿，是他吃过最好的。黄白色，酸甜脆辣，冲鼻通气，滋味绝佳。老北京年夜饭里必须有的菜，满族人喜欢吃。芥末墩儿脆嫩爽口，辣味强烈钻鼻，解腻通气，适宜冬季和初春吃。吃时用筷子把芥末墩儿，一个个夹出来，放在碟内。倒些原汤，喝一口透心凉爽。

老舍先生故居隔壁有家家常菜馆，参观完已经中午，我们来这家馆子，吃一些老北京特色菜。选择临窗位置坐下，当年肯定没有这家饭馆。我要了芥末墩儿、炸灌肠、炸饹馇，都是资料中读过的菜，不知其味。

隔墙是丹柿小院，当年如果有馆子，老舍先生可能会吃一顿。或来客人时，点一个"盒子菜"。汪曾祺要坐下喝一杯，品尝这家的芥末墩儿。桌上食碟盛着一朵阳光，我们等待上菜，回味汪曾祺笔下老舍先生家的芥末墩儿。

老舍先生故居的门票是书签，每次读书看到它，想起丹柿小院，文朋诗友相聚，吃老舍家芥末墩儿。二〇一九年四月，我来北京，又去老舍故居，今年是他诞辰一百二十周年。门口保安换了，给我一张新门票，在院子里重温文字的情景。从故居出来右拐，隔壁那家家常菜馆，不知哪一天拆除，竖起一堵灰色墙，中午不能在这里吃老北京菜了。

北京豆汁儿

　　二〇一八年十一月，我去北京，住在西单古德豪斯酒店，楼下护国寺小吃店。门头的牌匾，黑底阴文金字，老舍先生儿子舒乙题字。店面不大，长条方桌，右墙一幅老护国寺场景的画。经营豌豆黄、蜜麻花、艾窝窝、豆面糕、豆汁儿、焦圈儿和面茶，多个品种的北京传统小吃。

　　老舍先生在《骆驼祥子》中写道豆汁儿摊："豆汁摊上，咸菜鲜丽得像朵大花，尖端上摆着焦红的辣椒。鸡子儿正便宜，炸蛋角焦黄稀嫩的惹人咽着唾液。"老舍先生父亲是满族的护军，在八国联军攻打北京城的战争中阵亡。全家靠母亲替人洗衣裳做零活维持一家人生活，出身贫寒，懂得豆汁儿对于穷人家的重要。他在《勤俭持家》中写道："比我们更苦的，他们经常以酸豆汁儿度日。它是最便宜的东西，一两个铜板可以买很多。把所能找到的一点粮或菜叶子掺在里面，熬成稀粥，全家分而食之。"

豆汁儿最具代表的京味小吃之一，梁实秋的《豆汁儿》中说："我小时候在夏天喝豆汁儿，是先脱光脊梁，然后才喝，等到汗落再穿上衣服。"豆汁儿配焦圈儿，护国寺小吃的头牌。想起一句话"没有喝过豆汁儿，不算到过北京"。我端起碗，硬着头皮，反正不是毒药，喝下去不会要人命。读过许多关于豆汁的文字，其味道特殊，一般人接受不了。

一九四八年夏天，二十八岁的汪曾祺初到北京，大半年失业，后来谋职于午门历史博物馆，住在右掖门下，在馆里住的只有他一个人。

汪曾祺走进古老的城市，由于初来乍到，生活环境陌生。他接触的人，大多是地道北京人，从他们身上感受市民的生存状态。他来北京之前，读过民国初期文人笔下的古都，形成浪漫梦想，那些名人的文字，一点点接近。

一个江南水乡人，在北京年头久了，不仅口音改变，南北文化也发生融合。汪曾祺在北京住几十年，对于古老城市人心态了解得透彻。他说"北京人易于满足，他们对生活的物质要求不高。有窝头，就知足了。大腌萝卜，就不错。小酱萝卜，那还有什么说的。臭豆腐滴几滴香油，可以待姑奶奶"。对于普通生活观察的细致，写起来得心应手。

作家体验生活，况且汪曾祺是美食家，做一手好菜。他来北京遇过喝豆汁儿这道关，对于他不是难事，对别人可是"大事情"。

来北京以后，老同学请汪曾祺品北京各种名吃，烤鸭、烤肉、涮羊肉，最后同学问："你敢不敢喝豆汁儿?"汪曾祺走南闯北，经过大小事的人，当地的小吃，是他的偏爱。"有毛的不吃掸子，有腿的不吃板凳，大荤不吃死人，小荤不吃苍蝇"的，喝豆汁儿，有什么不"敢"? 同学带他去一家小吃店，要上两碗豆汁儿。用陌生的目光注视，提醒地说："喝不了，就别喝。有很多人喝了一口就难消受。"汪曾祺毫不犹豫，端起碗来，不假思索地几口喝完。

卖熟豆汁儿的，在街边支一个摊子。一口铜锅，锅里一锅豆汁儿，用小火熬着。熬豆汁儿只能用小火，火大了，豆汁儿一翻大泡，就"潺"了。豆汁儿摊上备有辣咸菜丝——水疙瘩切细丝浇辣椒油、烧饼、焦圈儿——类似油条，但做成圆圈，焦脆。卖力气的，走到摊边坐下，要几套烧饼焦圈，来两碗豆汁儿，就一点辣咸菜，就是一顿饭。

豆汁儿摊上的咸菜是不算钱的。有保定老乡坐下，掏出两个馒头，问"豆汁儿多少钱一碗"，卖豆汁儿的告诉他，"咸菜呢？"——"咸菜不要钱。"——"那给我来一碟咸菜。"

常喝豆汁儿，会上瘾。北京的穷人喝豆汁儿，有的阔人家也爱喝。梅兰芳家有一个时候，每天下午到外面端一锅豆汁儿，全家大小，一人喝一碗。豆汁儿是什么味儿？这可真没法说。这东西是绿豆发了酵的，有股子酸味。不爱喝的说是像泔水，酸臭。爱喝的说：别的东西不能有这个味儿——酸香！这就跟臭豆腐和启司一样，有人爱，有人不爱。

豆汁儿沉底，干糊糊的，是麻豆腐。羊尾巴油炒麻豆腐，加几个青豆嘴儿（刚出芽的青豆），极香。这家这天炒麻豆腐，煮饭时得多量一碗米——每人的胃口都开了。

　　我在北方长大，小时常去街头买油条打豆浆，我认为豆浆就是豆汁儿，一字之差，是人们的习惯。人过中年，读汪曾祺的文章知道，它们不是一类食物，都是豆子打出的汁，性质不同了。梁实秋的豆汁儿，说得更地道，因为他喝这个长大，对豆汁儿的情感，自然和汪曾祺不一样。梁实秋记录童年喝豆汁儿，看到的操作经过，"绿豆渣发酵后煮成稀汤，是为豆汁儿，淡草绿色而又微黄，味酸而又带一点霉味，稠稠的，混混的，热热的。佐以辣咸菜，即棺材板切细丝，加芹菜梗，辣椒丝或末。有时亦备较高级之酱菜如酱萝卜酱黄瓜之类，但反不如辣咸菜之可口，午后啜三两碗，愈吃愈辣，愈辣愈喝，愈喝愈热，终至大汗淋漓，舌尖麻木而止。"梁实秋在用文字作画，他将各种文字的色彩，画出老北平喝豆汁儿的情景。作为外地人不理解此种吃法，这种原材料加工成的食物，在北平城里变成名吃，大人小孩没有不喝豆汁儿的。一出城外，只能是喂猪的份儿，因为乡下人不喝豆汁儿，梁实秋总结地说"能喝豆汁儿的人才算是真正的北平人"。

　　梁实秋生活在古老的大家庭中，长大以后，又考入清华大学，然后去美国留学。他经过欧风美雨的洗礼，见过大世面的人，吃过正宗的西餐，住过大洋楼。

　　我在西单附近闲逛，拐过几街，转悠西四南大街，去看万松老人塔。在院子里的正阳书局，买了三本旧书：《春明叙旧》《闾巷话蔬食》《关东梨园百戏》。回宾馆翻阅讲述老北京民俗饮，其中有一篇写豆汁儿：

　　豆汁儿是北京的特产，相传清朝乾隆三十八年，宫内就有令臣验看豆汁儿有无毒性一事。后来，豆汁儿才进宫成为御食，宫内皇家也大为赏识。豆汁儿是做绿豆粉时所出的。过去街上有卖熟豆汁儿的，也有卖生豆汁儿的。但很多人熬豆汁儿，不得其窍，只以为用大锅将豆汁儿熬开了锅就行了。其实不然，一般熬出的豆汁儿总是上面是水分，下面是豆汁儿，喝起来没有豆汁儿的稠黏利口之感，总是汤汤水水的。笔者曾见在颐和园侍候过皇家豆汁儿锅的外祖父熬过此物，其诀窍就是熬时先在锅内舀上一勺豆汁儿，见开后舀一勺，直到添满一小锅为止。豆汁儿总是开着锅，其稠度、口感才好。

对豆汁儿有深入的了解，对这种小吃，有了新的感觉。中午去楼下护国寺小吃，叫了一份豆汁儿和焦圈，它们搭配合适。买一盒驴打滚儿，下午两点二十分，我坐火车回滨州。一碗豆汁儿落肚，吃两个焦圈儿，想起几位文学大师，在这座城市生活过，有说不出的滋味。

哪玛米糕

我吃发糕长大，七十年代生活困难，每月口粮大多是苞米面。我奶奶旗人，做饭手艺高超，普通食材能变出花样，引出人食欲。

我吃苞米面太多，对此产生厌恶感，提起它就头疼。宁可饿肚子，坚定不吃。母亲跟我奶奶学到很多的办法，做菜包子时，苞米面的剂子擀薄，馅儿打得大一些；炉大饼子时，多起嘎巴儿。我母亲做一手好发糕，温水和面，拌入适量面引子，使其发酵。锅里架上帘子，把发酵的面糊倒入屉布上，薄厚均匀。我用力摇风匣，灶炕里的火烧得旺，半小时后，一锅发糕蒸熟。掀开锅盖，一团热气升腾起来，从母亲的发间穿越。她躲开扑面的热气，用炝锅刀，横着切，竖着割几道，形成格形，一块块捡到笸箩里。

母亲做的酱小辣，搭配上发糕下饭。有的时候，在帘下的水中，坐上一碗切好的芥菜疙瘩，撒上红辣椒丝、五香粉，浇上豆油，蒸一碗咸菜。锅台边坛子里的鸡蛋腌好，可煮几个，吃发糕和咸鸡蛋。人类学家彭兆荣指出："人的口味并不像人们所认识的那样，属于纯粹生理现象，它其实受到文化观念和个人记忆的深刻作用；只是在通常的情况下，人们所食者为其所择者，所以这个特点并不体现。"彭兆荣所说的文化观念和个人记忆，清晰表明食物对人的作用。人对食物的怀念，深受地域文化影响，这不是时间能磨灭掉的。

　　在清晨阳光到来，古时满族有祭饽饽神的习俗，在神位的黄幔前，萨满捻年祁香，供上大黄米做的神糕，祭祀农神乌忻贝勒。萨满穿上神裙，甩开腰铃，打起神鼓，高声唱道：

　　像大地柳叶那么多的众姓里，

　　有我们瓜尔佳哈拉旺族，

　　从女萨满色夫传下的古老神词，

　　阖族推我做侍神的小萨满，

阖族德高望重的长者，

下至幼童晚辈，

喜庆金色的丰收，

喜庆金色的丰收，

跪接乌忻贝勒，

进门享用甜酒新歌。

乌忻贝勒是男性农神，也叫乌忻恩都里、乌忻额真、乌龙贝子，有了他的庇佑，年成好，禾苗茁壮，粮食丰收，牲畜、家禽繁衍兴旺。

满族是渔猎民族，长期在野外捕猎和征战，携带黏食类饽饽，省事又扛饿，居家日常饮食中，也有吃饽饽的习俗，婚丧礼俗，以及祭祀祖先用各种饽饽。满族过去每逢秋季，黏饽饽是必备的食品，如今饽饽已成为人们调剂生活的食品。

二〇一七年七月，我去新宾看古城，赫图阿拉汉译为横岗，大意是平顶的山岗，其实城建在横岗之上。赫图阿拉城由内城和外城组成，其中位于城北的汗宫大衙门，它称金銮殿，又叫尊号台，一六一六年，努尔哈赤建立后金称汗的地方。我看着古城墙的垛口，向远处眺望，想象当年康熙皇帝东巡祭祖时的情景。

新宾的朋友，送我当地的文史资料，其中写到发糕，满语称哪玛米糕，也叫虚糕。读这些文字，才知道从小吃的发糕满语叫法。中午在附近的一家饭馆，主食中就有发糕，特殊的地方，吃的感觉不一样。

我的窗外没有风景

一年从头到尾，不管晴天或雨天，清晨第一件事情，便是拉开窗子。让自然的空气，欢快跑进来，逐散存积的浊气。

窗外没有诱人风景，楼前二水厂厂区，泵房机器运转声隐隐传来，一座废旧的水塔，从我住进房子，早几年立在那儿。我用从珲春带回的俄罗斯望远镜，能看清塔上长的野草。有一天，特意到水塔下转几圈，塔基露出红砖，风雨的侵蚀，砖漫出沧桑痕迹。我喜欢雨中的水塔，在灰色的调子中，有了老人的慈爱，坐在窗口前，久久注视，营造一段段感人的情景。当年的工匠们不在了，不知漂泊何方，成为岁月中的一程记忆。

厂区和居民区的楼间，有一块空地，邻居开垦出来，种上一垄垄蔬菜。夏天这里是最美的季节。绿色掩盖荒凉，我拍了很多菜地的照片，存进电脑中，建立文件夹，读这些照片，回望过去的事情，带给我温暖的回味。

站在阳台向西望去，能望见"段记馒头房"的匾牌。这家馒头房，由聊城小夫妻开的，打拼多年，站稳脚跟。他们做的签子馒头，很受附近人欢迎。我上班中午不回来，买俩签子馒头带单位。

二十层传媒大楼，我最初在十六楼编辑部，十几个人在大工作室中，人们躲在格子挡板后面，一天天重复自己的工作。我位置在窗子边上，天气晴的日子，阳光瀑布一样，从天空飞流而下，办公台上铺满毛茸茸的金光。有时，我双手平展，张开手指，阳光塞满指缝间。手在光的包围里，如伸直一根根手指，如同防风堤，阻拦风暴的狂袭，给人安全感。很多下午，做孩子一般的游戏，手指在阳光中变换，阳光纠缠手上，累了停下来，潜伏光的温柔中。童真的玩耍，让我忘记烦恼。偶尔在窗外的天空，能碰到一只鸟儿飞去。楼前不远处山柳杜的村庄，从十六楼往下俯视，似乎是一件撕碎的衣服，丢得东一片西一片，没有大地田园的风光。十几层大楼拔地而起，村庄看不到了，对面数不清的窗口。工人在脚手架爬上爬下，楼在装修中。住进楼里的老人、年轻人也好，都有自己的空间，阳台上出现晾晒的衣服，演绎普通人的生活。

从小区门口"段记馒头房"，买两个签子馍馍，当作中午饭，不用再来回奔跑。这种长馒头，叫法各地不同，又称尖馍馍、高桩馍馍、矮桩馍馍、杠头馍馍。

济南人习惯叫高桩馒头，临沂、聊城和其他地区称为签子馒头。叫法不同，形状和做法差不多，高桩馒头不需竹签从中贯穿，而签子馒头，是竹签子从头穿尾。

中午办公室没有其他人，一个人吃着签子馒头、鸡蛋炒大葱。泡一杯清茶，心情特别放松。同事们都去附近小餐馆吃，我却找安静，不愿闹腾。

我从编辑部调视听周刊，工作换一下，从十六楼升十七楼办公室。楼层变了，坐的位置发生变化。我仍然靠窗口，只是由大窗口换成小窗口。从这里望出去是音乐喷泉广场，星期天和有重大活动，音乐响起的时候，随着鲜明韵律，喷洒出音乐雨。黄河五路是往来必经之路，马路上奔跑的汽车，仿佛顶着硬壳的虫子，行人像小人国似的人，视角改变，一切都发生变化。我新的坐位在墙角，两面光秃秃的墙，标准三角形，让我有了安全感，不会感觉有人在后面。环境安静，无人干扰，想着交往的人和事情，回味读过的书。窗子小了，在我右前方，阳光不能照工作台上，而是落在瓷砖地上。我经过总要在鞋上停留几秒钟，有时止住行走的脚步，注视阳光中的鞋。

工作台少了阳光，手变得老实，无相应的氛围，无心做手的游戏。不过几天工夫，我找到了新地方。注意力离开电脑，稍稍向前方一望，目光飞出窗外。在天空狂跑，跟头把式地翻滚，无任何遮拦和障碍，可用信马由缰的形容词。窗外天空给了不尽的快乐，让疲劳的目光，放出去撒欢儿。

每天上班，打开办公室的门，经过窗子，我总是先推开，让外面的空气流进来。窗外是拥挤的城市，没有动人的风景。

怪味豆

明天回滨州，不知何时再来北碚。东西收拾好了，觉得缺点东西。想半天，准备去超市买些怪味豆。

北碚有许多小吃，合川桃片、米花糖、麻辣豆干等。超市卖怪味豆，和重庆人的性格一样，台子上一个大木盒子，装着小山样的怪味豆。买的人拿起铲子，装入塑料袋中，去旁边过秤即可。

我活了五十多年，在北碚吃的怪味豆最多，主要受汪曾祺的影响。汪曾祺在《食豆饮水斋闲笔》一书里写道："北碚的怪味胡豆味道真怪：酥、脆、咸、甜、麻、辣。"就这句话，引起我对北碚怪味豆的兴趣。另一有意思的是，怪味豆原来叫挨刀胡豆，一八九七年起源于重庆北碚。抗战时期，大批各地文化名人来到北碚，品尝熊荣成家制作的挨刀胡豆、油炸胡豆，十分赞赏，称代表地方特色的小吃。老舍先生迁居北碚，吃胡豆以后，被奇怪的口感吸引。蚕豆经过油炸，发生特殊变化，捕捉不到主味，想到什么味，味蕾就出现这种味。老舍先生觉得充满魅力的蚕豆，挨刀胡刀名字不好听，有损形象，影响吃的美感，便改名怪味胡豆。

十九世纪二十年代初，"蝶花"老字号创办于北碚，由熊荣成和夫人的炒货摊起家。熊荣成从小跟随父母学做生意，在解放路做炒货生意。结婚以后，自立门户，和妻子研制出挨刀胡豆、油炸胡豆、油炸花生系列。

怪味胡豆看似简单，但一粒蚕豆做好吃，难度较大。工艺复杂，原料有十二种，"浸泡胡豆、去除胡豆的芽部、浸矾、炸制、拌辅料、上糖衣、冷却包装"。经过系列工序，生产出来的怪味胡豆，呈茶色，颗粒完整。

"文革"期间，汪曾祺和同行为了改《红岩》剧本，在北温泉数帆楼住十多天。北温泉景区内的温泉，在清代即享有"第一泉"美誉，依山临江建的石砌仿欧式建筑，凭栏眺望嘉陵江中的白帆，所以为数帆楼。楼是当初川军将领范绍增约牌友打牌，用赢下的三千五百块大洋所建。

十九世纪二十年代末，范绍增经常来缙云山打猎，住在北温泉公园，他喜欢同江北士绅文化成和友人打牌。卢作孚发现这一机会，深思熟虑后，想让这些人捐点钱，为建设北温泉公园投资。这天开牌前，卢作孚宣布牌规，不管是谁，赢钱一律不能装腰包，拿出来建楼。范绍增听后觉得有道理，文化成诸友积极响应。筹款三千五百块大洋，成为数帆楼的建设资金。

抗战期间，数帆楼曾作为重要的中转站，为延安输送人才。

汪曾祺文字记录当时的情景，数帆楼两层高。整个楼无闲杂客人，只有他们几个人。坐在数帆楼廊子上，特别安静。楼外是一丛丛竹子，竹外即嘉陵江。北温泉游人不多，花木旺盛，鸟儿飞来飞去。温泉浴池门开着，无人管理，随时可以泡温泉。

在北碚期间，汪曾祺享受温泉，品当地美食，也吃了老舍先生改名的怪味豆。他在《蚕豆》一文中说：

老蚕豆可炒食。一种是水泡后炒的，叫"酥蚕豆"。我的家乡叫"沙蚕豆"。一种是以干蚕豆入锅炒的，极硬，北京叫"铁蚕豆"。非极好牙口，是吃不了铁蚕豆的。北京有句歇后语：老太太吃铁蚕豆——闷了。我想没有哪个老太太会吃铁蚕豆，一颗铁蚕豆闷软和了，得多长时间！我的老师沈从文先生在中老胡同住的时候，每天有一个骑着自行车卖铁蚕豆的从他的后墙窗外经过，吆喝"铁蚕豆"……这人是个中年汉子，是个出色的男高音，他的声音不但高、亮、打远，而且尾音带颤。其时沈先生正因为遭受迫害而精神紧张，我觉得这卖铁蚕豆的声音也会给他一种压力，因此我忘不了铁蚕豆。

我原来吃过炒蚕豆，家中有"川菜之魂"的郫县豆瓣，它是由蚕豆制曲。我在北碚隔两天去超市买菜，望着木盒子里的怪味豆，回想汪曾祺的评价。离开这里，吃正宗的怪味豆不容易了。

每次不买多，一斤左右，随时可以买到。拿回公寓放在茶几上，想起来吃几粒。在北碚这段时间，受汪曾祺影响，吃了很多的怪味豆。

纸皮包子

从网上下载纸皮包子图片，妻子看到说，这个一定好吃。她经常去邹平办事，却从没有吃过。

二〇一九年四月二十二日，我诗集《夜的大衣》读者见面会，在普禾书吧举行。早饭后，从黄河一路，向渤海十六路走去。平时很少走这段路，经过的商家都是陌生的。发现一家邹平纸皮包子铺，就是在网上看到的特色小吃。由于急着开会，不可能走进去吃一顿包子。纸皮包子，从名字说明白，其特点皮薄——包子皮晶莹透亮，面质均匀；蒸熟的包子，透过外皮，看清里面的馅儿。关于纸皮包子，有一个传说：

据记载，清乾隆年间宫内盛行吃包子。一次御宴中小宫女错把皇上爱吃的韭菜包子端到修行礼佛的皇太后面前，吃了韭菜的皇太后勃然大怒，认为此乃对佛祖之大不敬。乾隆爷很尴尬，便传来营缮司郎中高御厨，命他三十天内做出凭肉眼就能识别出馅料的包子。

最后高御厨用邹平当地细毛山药独特的黏性汁液来和面，研制出薄如蝉翼、筋道耐拉的面皮。乾隆爷食后龙心大悦，赐御名为"纸皮包子"，并把那一年的"千叟宴"交由高御厨主持操办，点名必须有纸皮包子。

纸皮包子，食材与众不同，使用长山细毛山药汁液，加蛋清、盐和面，擀出的皮柔韧性大，薄而有弹性，特殊的配方，造就三百多年的包子之魂。

长山山药栽培始于唐代，有一千三百多年的历史，称为山药之乡。山药药块粗大，营养丰富，又能长期贮存。

长山山药明清时作为贡品山药闻名，毛张村的细毛山药为佳品，细腻润透，而且味道香甜。长山细毛山药，含有被医药界称为"药用黄金"的薯蓣皂素。

　　纸皮包子和普通包子做法，无大的区别。可以和平常包子一样，上锅蒸，平底锅加少量油煎。在此过程中，要倒入生粉水。出锅后的纸皮包子，形象佳，香气扑鼻，堪称风格独特的美味包子。

　　我去邹平采访，吃过当地的另一名吃。俗称十八层的台子火烧，制作过程，有多种工序，经过无数次的揉捏，新出炉的台子火烧，外酥里润。烘烤也是关键的一道过程，圆筒灶，放上平底铁锅，锅内有网眼的箅子。

　　打电话询问邹平文友，他是文史通，邹平的前尘往事了如指掌。他说邹平纸皮包子源于明集镇高家村，由高氏传人代代相传，已有三百余年历史。清乾隆年间，举办宫廷"千叟宴"，用过纸皮包子。

　　小包子，大文化，绝没有想到，包子和皇帝有过缘分。我把渤海十六路邹平纸皮包子的位置告诉妻子，买几个品尝。她来电话，中午吃纸皮包子，她已经买回来。

疙瘩汤

东北同学在微信上，晒一碗疙瘩汤，他说记得小时吃的这种食物吗？我说从那个年代走过的人，不是都能吃上疙瘩汤。

二十世纪六七十年代，东北人印象最深了。白面疙瘩汤，卧一个鸡蛋，等于改善生活。印象最深母亲做的疙瘩汤，如今老人去世两年，再也吃不到母亲做的疙瘩汤。

那场祸是由感冒引起，上午课间操结束，我和同学不是回教室，而是在操场上乱跑，身上出很多的汗，我摘下棉帽子让寒气吹散头上热气。

中午回家时，感觉嗓子不舒服，鼻子里不通气，母亲说感冒了？我说不可能的事。吃完午饭又去上自习。两节课下来，浑身软绵无力，脑袋发热，我知道这是发烧。回家的路上，艰难地走每一步，好不容易回家，一头倒在炕上，烧得迷迷糊糊，母亲给我脱鞋、盖被子还清楚，后来就什么都不知道了。

母亲叫我的名字，醒来时炕上放着碗，旁边有一瓶酒、一盒火柴。头如同炸裂一般，身子没有力气，眼睛懒得睁开。炕烧得烫手，我仍然感到冷，让母亲再盖一个被子。母亲拿来温度计，用力甩了几下，然后夹在腋下，说不要乱动，量一下体温有多少。我任凭母亲摆布，意识有些不清楚，昏沉中不知过了多久，母亲拿出体温计，上面标出的刻度38℃。母亲在碗中倒了一些酒，划一根火柴，火焰触到酒上，燃出蓝色的火焰。母亲帮我脱去棉衣，蘸着温热的酒，在身上搓起来，空气中弥漫酒的气息，酒浸进皮肤中，在母亲搓动下，身子感觉凉爽，身体轻快多了。

搓完身子，搓脚心、手心和脑门，母亲捂严被窝，下地给我做饭去了。躺在被窝里，看到窗子外的后园，障子边上的两棵杨树，依然那么精神。蓝大胆落在上面，叽喳叫声传进屋子里。人生一次病后，长一分伤感，说不清的情绪，撞得想大声哭。

窗外天色黑了，屋子里的光线变暗。母亲做饭的声音，铲子碰击锅的清脆声，炝锅的香味，顺着门缝钻进来，闻到这阵香味，引得肚子叫了几声。鼻涕不自觉淌出，每咳嗽一声，震得头疼。母亲推门进屋，打开电灯，一束光赶走黑暗，我的眼睛适应不了强光，扯被子蒙住头。

母亲放炕桌的声音，妹妹们的说话，我感到刺耳，生病变得心娇，一点声音都是噪音。母亲掀开被子，叫我起来吃饭，我不愿意吃，因为缺少胃口。她扶起我身子，有病不能不吃饭，多吃饭感冒才能好得快。

母亲做的疙瘩汤，卧了一个鸡蛋，撒上紫菜和胡椒粉。吃得浑身是汗，母亲催我钻进被窝中，捂出一些汗，这样感冒就好了。

七点多钟时，突然停电，屋子里一片漆黑，只能听到说话声音。母亲找到蜡烛，刺啦一声，火柴擦在磷面上，微小的火焰，在黑暗中跳跃。母亲手弯成弧形，挡着走路带来的风，怕吹灭燃起的烛光。妹妹们进入睡梦中，我昏睡一下午，白天睡得太多，这时烧退了，精神头儿十足。蜡烛插在酒瓶子口上，做成一盏移动的灯，灯芯偶尔跳动，闪现一朵猩红火花，滴下的烛泪，纠缠瓶壁上。我掐一撮烛泪，带着热度，在手中捏来捏去，最后变硬扔在地上。

　　注视燃烧的蜡烛，我用食指在火焰中扫来拂去，弄得火焰一阵抖动。母亲说道："不要玩儿了，我给你唱歌，和小时候一样睡觉吧。"母亲清清嗓子，唱起喜欢的一支歌：

　　小燕子，穿花衣

　　年年春天来这里

　　我问燕子你为啥来

　　燕子说："这里的春天最美丽"

　　小燕子，告诉你

　　今年这里更美丽

　　我们盖起了大工厂

　　装上了新机器

　　欢迎你

　　长期住在这里

母亲年轻时看过的电影《女护士的日记》插曲，也许是旋律引起记忆，我看到母亲借助烛光，双手手掌交错，做出燕子形状投映墙上。母亲的手灵巧地变成小狗，手影动物在墙上奔跑，将夜推向深处。酒瓶子中的蜡烛，一点点燃烧，在光与影交织中，我被童话般的手影动物催眠，不知什么时候进入睡梦中。

　　我现在喜欢吃带汤的面食，每天早晨基本吃面条，百吃不厌。可能和这次少年记忆有关，母亲做的疙瘩汤，留下深刻情结。

母抱子，山狗子

哈什蚂、"飞龙"、熊掌和"猴头"，称为"东北四大名珍"。黄蛤蟆，满语为哈什蚂，学名为中国林蛙。黄蛤蟆与普通青蛙差别不大，青褐色或铁青色的后背，红黄色或红白色的肚皮。雄性瘦小，雌性肚中油多，长得肥硕，比雄性大得多。人们称雄者为"山狗子"，雌者为"母抱子"。

黄蛤蟆晒干剥去皮，从肚子里取出黄白色、半透明、油样的东西，就是雌蛤蟆的输卵管，高级补品蛤蟆油。

有一次，晚上和同学去看电影，来不及吃晚饭。看完电影回到家中，不打算吃饭，上炕脱衣服，钻进被窝里。母亲心疼，怕我半夜饿了，冲了一碗蛤蟆油，放入白糖，端到我跟前。我趴在被窝里，望着遇水发开的蛤蟆油，泛起无数个小泡，拿起勺子舀一点，吃进嘴里，感觉不舒服反胃，忍不住吐出来。

从此以后，我一口不动蛤蟆油，懒得望一眼。知道这东西营养丰富，一般人吃不起，但有了那次经历，也拒绝碰它。

二〇一一年九月，去长白山区，看打松塔。我上午在守山人陪同下，沿着季节线进入七号沟，我认识野胡椒、野芝麻、牛蒡、紫杉、赤柏松、红豆杉的果实。守山人持拨拉棍在草丛中拨来拨去，有时敲击树干。走进密林不远处，他建议不往里走了，这里是长白山脉的老爷岭，真正的原始森林，这几年出现野猪群和黑瞎子，东北虎也时有出没。林中有法则，有着自己解决问题的章程，在山中走不出的时候，也自有解决的办法。在溪水中，一条网笼里，捕捉两只哈什蚂，守山人拿起细眼丝挂网，在胸前拉开，说是两个母抱子。

清明前，发桃花水了，哈什蚂结束冬眠。它们从各处钻出来，跳来蹦去。依山傍水，开始交配产卵，繁殖下一代。

霜降过后，进入晚秋，哈什蚂潜入水中，寻找藏身的地方，准备冬眠。秋冬油厚肉肥是捕捉的最佳季节。捕捉的哈什蚂，铁丝从嘴唇穿过，一串串挂起来晒干。也有的人，捕捉山狗子取不了油，放锅里炖土豆，或用别的方法吃。

哈什蚂和其他蛙类相同，冬天要冬眠。它比青蛙耐寒，而且冬眠期晚些天，春天又比青蛙苏醒得早几天。由于生长在东北的冰天雪地中，又叫雪蛤，旧时宫中御膳房，起个好听的名字——雪地蟾。北方清明时节，忙种麦子，哈什蚂这时发情，交配产卵，田野上响起蛙声，人们称为开声。在一排排蛙鸣声中，寄托人们的美好期望，开犁播种。哈什蚂是捕虫能手，吃各种农田害虫，叫声越密越大，说明蛙多，是丰收的预兆。

康熙二十一年，高士奇随康熙东巡，前往吉林，在其《扈从东巡日录》中记录当地土特产品，有"哈什蚂"条，释文却写为"拉姑，水族也，似虾有螯，似蟹无甲，长寸许，产溪间。土人谓天厨之珍，岁荐陵寝焉。"这里将"山蛤"写成"拉姑"（蝲蛄），蝲蛄是小龙虾，它们并非一物。从"岁荐陵寝"推断，都应是祭陵的供品，而两样土特产也是满族人所喜食的。

哈什蚂生长于山野林密、水源充沛的地域，它是水陆两栖动物。大自然的营养丰富，使蛤蟆油变成滋补营养品。《金峨山房药录》记载，具有补虚退热、强精、化痰和添髓的功能。

可治精亏劳损、神经衰弱、肺虚咳嗽。

满汉全席中少不了哈什蚂，除此之外，哈什蚂还可做其他菜品，如鸡茸蛤、哈什蚂火锅、什锦哈什蚂油、芙蓉鲍鱼哈什蚂油、冰糖哈什蚂、清汤哈什蚂。除了营养极高的蛤蟆油，其肉鲜嫩味美，民间吃法不复杂，可与许多菜一起炖，有一种与众不同的风味。哈什蚂洗净，水开直接下锅，吃时摘除内脏。

蛤蟆油在市场的价格很高，老家朋友送一盒，让我补身子，说对睡眠不好，极有帮助。但有了少年的经历，至今不敢碰，也不想吃。

月亮粑粑

读书累了，打开电脑，在酷狗听歌曲，最近听赵雷的民谣。他的歌声中，没有诗句的抒情，单纯率直，描写生活中的细微小事。

每首歌里都有故事，平淡的叙述，深藏厚实的感情，一个个唱出来。赵雷唱了一首由长沙童谣改编的民谣，这首歌听后，让人心动。《月亮粑粑》是长沙人耳熟能详的童谣，老人家哄小孩睡觉，从古流传至今。粑粑在湖南方言中，意思是饼。

月亮粑粑

肚里坐个爹爹

爹爹出来买菜

肚里坐个奶奶

奶奶出来绣花

绣杂糍粑

糍粑跌得井里

变杂蛤蟆

蛤蟆伸脚

变杂喜鹊

喜鹊上树

变杂斑鸠

斑鸠咕咕咕

告诉和尚打屁股

赵雷改编以后，配器和词发生变化，听这首民谣每次感觉不同。一直在想月亮粑粑吃起来的滋味。我在北碚居住，吃过多种糍粑，重庆做糍粑的风俗，蒸熟的糯米倒入石春里，把糯米捣碎，撒上黄豆粉和白糖。每次去火锅店，高淳海都要一盘糍粑，满族人好吃黏食。

二〇一八年，我五十七岁生日，高淳海放下论文的写作，陪我去沈从文家乡过生日。沱江是古城凤凰的母亲河，沿着古城墙流淌，坐上小船，欣赏两岸已有百年历史的吊脚楼。沱江南岸古城墙，紫红沙石砌成，城墙东和北各有城楼，经历时间的沧桑，依然壮观。

二〇一二年，我写完《浪漫沈从文》，书中需要插图，四处托朋友找有关湘西的图片。朋友传来一组图片，有几张是跳岩，走着背竹篓的苗族姑娘。跳岩最初由四十多个红色长方体岩墩子，墩子间隔两尺，为了方便乡民肩挑背驮货物进城。每年涨洪水，有几个跳岩石墩，被大水冲倒，或冲走。民国时期，县长李宗祺派人整修，跳岩铺以木板，相比以前来往方便，但后来墩子带跳板冲走，无法根本解决。一九五〇年，人民政府重新修补跳岩，危墩换新，两个墩子连成一体，铺厚实的木板，现今仍是两岸来往的要道。二〇〇〇年，在距离老跳岩几十米的下游，新修双墩跳岩，间隔一尺左右，一高一低，横跨江上。

站在跳岩上，向前方望去，看见悬于沱江的吊脚楼群，它是凤凰古城具有苗族建筑特色的古建筑群。清朝和民国初期的建筑，如今仍居住着人家。

二〇〇七年十二月二十八日，我在给家乡一位老人的信中说，写沈从文是工程，而且巨大。

吊脚楼的灯光充满温馨，引诱远行人的思念。忧郁的曲调缭绕水上，诉说长夜寂寞和牵挂，诉说人间幽苦。吊脚楼临水的建筑中，一对男女发生的故事，真是让人忘不了。我怀着敬畏的心情读解、推析沈从文的作品。我不想给他立传，只想和书中的人物一起，在那片土地上或悲或喜。从一个个人物身上，感受人性的真实。生于水边，长于水边，生命和水叠在一起。在老一代作家身上，我学到了很多东西，做人做文。

写作中被沈从文感染，在旧时代行走，沿着他精神的地图，我看到温暖的背影。里尔克说："艺术作品总是诞生于冒着危险的人，到达一种经验尽头的人，这一尽头是没有人能够超越的极点。一个人越是行进得远，生命就越是特别，越是有个性，越是独一无二。"沈从文的文字，干干净净，如清明的沱江水。美学家潘知常说："看到生命中爱与美的获得，他去表现——去赞美；看到在命运的沉重碾压下美和爱的沦落飘落，他也去表现——去悲悯，在他的作品中，充盈着爱的力量和受的觉醒。"

写沈从文传，重读他的作品，对我的写作、对将来都是好事。

阅读穿越时间和空间，我终于在湘西和沈从文相遇，在沱江边，

在他的故居对话，来到了湘西山水，走进沈从文的心灵世界。

第二天参观沈从文故居。同治五年（1866年），沈从文祖

父沈宏富，曾任清朝贵州提督，兴建中营街老宅。房子为穿斗

式木结构，前后两进院，火砖封砌，古色古香，凸显湘西明清

建筑特色。在纪念品店买了《沈从文谈艺术》《不仅仅是传说》

《辰州符：神奇还是神化》。走出故居，沿着青石板的小巷行走，

似乎听到童年沈从文的脚步声。

经过一个小菜市边上，看到有卖小吃的。我们站着瞧一会儿，

在锅里煎的食物，闹不清是什么东西。

摊主用湘西普通话说，月亮粑粑非常好吃，买几个吧。这

就是赵雷歌中的月亮粑粑，品食物的味道，也是一种文化。我

们买了几个，边走边吃，咬一口月亮粑粑，味道不错。它和重

庆的糍粑口味不一，各有各的特点。回味赵雷的歌声，没有想

到在沈从文的家乡，吃上月亮粑粑。这是长沙的传统名吃，做

法不复杂。糯米粉中加入温水，糯米粉揉成面团，分成大小均匀等份。糖汁倒入锅中，摇晃锅底，使糖汁与油混合成糖油，粑粑翻转，两面裹上糖汁，大火收汁。

天气预报湘西寒流来袭，明天有大雪。由于时间的原因，我们要回重庆。长途汽车的时间不顺，打了一辆出租车。路上下起细雨，和出租车师傅聊天。他三十多岁，十分健谈，聊起月亮粑粑，他说现在很少有人做了，古老的食物将来会消失。

天空阴雨飘落，路面不好走，车子开得不快。我望着窗外，心情和天气一样，临走，又去了菜市场，想买月亮粑粑。清早人稀少，摊位尚未出来。只好下次来湘西，买她的美食。

夹普喇喇额芬

二〇〇八年，珲春政协孙敏送我一本《珲春满族》，其中满语方言中，有一节饮食类用语。豆面卷子饽饽，满语为夹普喇喇额芬，又叫豆面饽饽。

满族的主食以谷物为主，特点黏食多，味喜酸甜。面食以饽饽为主。饽饽，满语作额芬，对面食品的总称。饽饽种类特别多，风味各不相同，也是祭祀的供品。

豆面饽饽，俗称豆面卷子，驴打滚儿。它产生于东北，清朝的八旗子弟爱吃黏食，这种食品传到了北京地区，成为特色风味小吃。《燕都小食品杂咏》中记录："黄豆黏米，蒸熟，裹以红糖水馅，滚于炒豆面中，置盘上售之，取名'驴打滚'真不可思议之称也。"关于驴打滚儿，民间有一个传说：

据说有一次，慈禧太后吃烦了宫里的食物，想尝点儿新鲜玩意儿。御膳大厨左思右想，决定用江米粉裹着红豆沙做一道新菜。新菜刚一做好，便有一个叫小驴儿的太监来到了御膳厨房，谁知这小驴儿一个不小心，把刚做好的新菜碰到了装着黄豆面的盆里，这可急坏了御膳大厨，但此时再重新做又来不及，没办法，大厨只好硬着头皮将这道菜呈慈禧太后的面前。慈禧太后吃这新玩意儿觉得味道还不错，就问大厨："这东西叫什么呀？"大厨想了想，都是那个叫小驴儿太监闯的祸，于是跟慈禧太后说："这叫'驴打滚'。"从此，就有了"驴打滚"这道小吃。

　　落叶铺满北方原野，庭院菊花迎着寒霜傲放。一九一七年深秋，农历初三，一声啼哭，打破松花江东岸乌拉古城的寂静，这是祖母出生的日子。从祖母脸的轮廓能看出，满族先祖遗传的容貌特征。头发梳得光滑，白净额头下，眼睛清澈。我们兄妹跟随她的目光，进入满族民间故事中。

　　在布尔和里池沐浴的恩古伦、曾古伦、佛库伦，她们当中最小的女子获得神鹊送来的神果含在嘴里而受孕，生下布库里雍顺，祖母说这就是他们满族的先祖。

白天家里显得空荡，工作的工作，上学的上学。大多时间奶奶和孩子在家，妹妹在悠车里时候比较多，腾出手，奶奶干点别的活。有时我逗妹妹玩儿，摘一朵喇叭花，逗她闻花的香味。逮一只"蚂螂"，用线拴住尾巴，绑在悠车上，任它挣扎。妹妹玩累了，不管不顾咧开嘴哭，小手揉眼睛，不高兴的模样。我推动悠车，在晃当的哗哗声中让她入睡，古老的歌谣、童话和悠车紧密相连，对于童年缺一不可。我学会第一首歌谣，跟奶奶晃悠车学会的，奶奶推动悠车，随节奏唱道：

悠哇　悠哇

悠哇　小宝宝睡着啦

你阿玛　当兵咯

骑大马去出征

宝宝好好睡吧

阿玛头戴花翎骑着头大红马

挣下的功劳都归你啦

　　悠车里的妹妹，记住奶奶的歌声。我被吸引住了，不大懂得歌中的意思——奔跑的白马和离家当兵的人。悠车如同母亲的怀抱，妹妹睡着踏实，童谣犹如乳汁，滋养嫩芽般的生命。

　　那时住在龙井县文化馆的门房中，白天奶奶带我和悠车里的妹妹。我没有一会儿安静，奶奶说听话，一会儿给你做驴打滚儿，我问什么驴打滚儿，奶奶说就是豆面饽饽，叫法不一样。

　　难怪奶奶早饭开始忙，盆子里装着黄米面，上屉蒸熟。锅中炒黄豆，满屋子都是豆香味。炒熟的黄豆，倒在面板上，奶奶拿大擀面杖，在熟豆上来回碾压，轧成粉面。制作时，蒸熟的黄米面蘸上黄豆粉，擀成片，抹上红豆沙馅卷起来。豆香馅甜，入口绵软，特别好吃。

　　记忆中，以后很少再吃奶奶做的豆面饽饽，我父亲从龙井调往延吉，奶奶跟二叔在一起过。再就是奶奶一天天年纪大了，也没有心思再做费事的小吃。经济条件好一些，想吃去市场买，解解馋，不必要费力气做了。

北京人有吃驴打滚儿的习俗，现代藏书家、学者张江裁在《燕京民间食货史料》中记载："驴打滚，乃用黄米黏面蒸熟，裹以红糖为馅，滚于炒豆面中，使成球形。燕市各大庙会集市时，多有售此者。兼亦有沿街叫卖，近年则少见矣。"从记述中可知，此品是庙会集市中必售的食品。

每次去北京，上护国寺吃小吃，品老北京特色，买一盒豆面饽饽带回滨州。其实作为个人，我喜欢驴打滚儿，更形象，真吃到嘴，满口豆香，有驴滚过的意思。

土家擂茶

汽车驶进桃花源，从车上向外观望，一棵桃树上开着花。不过只有一个枝头，大约四五朵，通红的似胭脂。十一月，汪曾祺感叹道，"还开桃花！"所以这几朵红花，证明这里确实是桃花源。汪曾祺在《桃花源记》中写道：

刚放下旅行包，文化局的同志就来招呼去吃擂茶。闻擂茶之名久矣，此来一半为擂茶，没想到下车后第一个节目便是吃擂茶，当然很高兴。茶叶、老姜、芝麻、米，加盐，放在一个擂钵里，用硬杂木做的擂棒"擂"成细末，用开水冲开，便是擂茶。吃擂茶时还要摆出十几个碟子，里面装的是炒米、炒黄豆、炒绿豆、炒包谷、炒花生、砂炒红薯片、油炸锅巴、泡菜、酸辣藠头……边喝边吃。擂茶别具风味，连喝几碗，浑身舒服。佐茶的茶食也都很好吃，藠头尤其好。我吃过的藠头多矣，江西的、湖北的、四川的……但都不如这里的又酸又甜又辣，桃源藠头滋味之浓，实为天下冠。桃源人都爱喝擂茶。有的农民家，夏天中午不吃饭，就是喝一顿擂茶。

汪曾祺的文字，记下当时吃擂茶的情景。当地美食，让他写得色香味俱齐，情感在纸上飞溅。不仅有滋味，也有情味。吃完晚饭，陪同的管理处人员，摆好纸墨笔砚，请他写几个字，他把吃擂茶时想的诗，写给他们：

红桃曾照秦时月，黄菊重开陶令花。

大乱十年成一梦，与君安坐吃擂茶。

二〇一八年，我在凤凰住的墨客客栈，在十家弄青石铺的小巷子深处，不宽的青石小路，两边都是开的客栈，可能只有十家，所以叫十家弄。走出客栈路口，有一家凤凰红岩井土家擂茶铺，卖茶的是中年妇女，只要有人走，她都拿起擂棍，在钵内捣，发出很大的声响，吸引路过的人。看到擂茶，想起沈从文、汪曾祺笔下的诗。民间有句谚语："无擂茶不成客"，我从遥远的地方来凤凰，按照当地习俗，自然是外来客人，要吃一杯擂茶。清晨从客栈出来，不是喝擂茶的时候，我和高淳海商量，游玩一会儿，累了过来吃擂茶。

我国最早发现茶树和利用茶叶，饮茶方式开始就与粥、擂茶有关。将茶叶碾成末，混在米中煮粥，谓之米茶或茗粥。三国时代魏国清河人、经学家和训诂学家张揖的《广雅》，我国最早的一部百科词典，已有关于米茶记载，当时人们已经用葱、姜、橘皮做食料。

各地擂茶制作方法各异，配料差别较大。大体可分为两种，一为米茶，二为香料条。米茶古人所说的茗。茶叶、生米、生姜用水浸泡，放在擂钵里，碾磨糊状。拌入韭菜、番薯丝，倒入锅中煮成稀粥。食用时，撒上油炸碎花生米、芝麻以及炒熟的一些配料。香料茶，又叫庵菜，或盐茶。原料为茶叶、中草药及各种作料。擂茶流派分为：桃江擂茶、土家擂茶、于都擂茶、客家擂茶、安化擂茶、武陵擂茶。擂茶溯源，如果按地域和族群划分，可为两大类，客家和湖南擂茶。

擂茶发源于中原，盛行长江中下游。擂茶，又名三生汤，是一种特色食品。流传于广东汕尾、益阳、安化、桃江、常德各地。擂茶兴起于汉，盛行明清时代。擂茶若当药用，可祛风寒、消暑气、清火解毒。添加各种中药，和茶叶在一起擂烂。放入锅内煮熟，同开水一起冲入钵内。土家擂茶、姜糖和血粑鸭，称为"凤凰三宝"。

民间相传，汉武帝时期，马援将军率兵南下远战交战，途经湘西武陵地区，这个时候酷暑季节，许多士兵患上当地流行的瘟疫。

这种病对于军队来说，是致命的打击，消耗战斗力。民间一老人，献出祖传秘方擂茶，将士们喝后，病情好转起来。从此，土家擂茶在民间广泛流传，至今保留喝擂茶的习惯。

我的诗集《夜的大衣》，书腰封上，要一个作者生活照。我选择在北门古城楼的照片。妻子说有点老，我坚持用这张，因为五十七岁生日，在凤凰拍摄具有纪念意义。

古城建于清康熙四十三年（1704 年），由苗族、汉族和土家族多个民族居民组成，有着三百多年历史。北门古城楼始建于明朝，由于处于北面，俗称北门城楼。元、明时期为五寨长官司治所，筑有土城。明嘉靖年间，从麻阳移镇竿参将驻防于此，嘉靖三十五年（1556 年）土城改建为砖城。清朝先后在这里设凤凰厅、镇竿镇辰沅永靖兵备道治所。康熙五十四年（1715 年），砖城改建为石城，北门定名为壁辉门，一直保存至今。城楼青砖砌筑，重檐歇山顶，穿斗式木结构，石座卷顶。我们在上面游览，回味沈从文笔下当年情景。错落有致的屋顶、小片青瓦、白骑墙为背景，拍下这张照片。游了一上午，走下城门，我们去吃土家擂茶。

土家擂茶有着得天独厚的条件，传承湘西民间古秘，取酉水古法擂制，原料纯净，入口溢满醇甜。

我是在写《汪曾祺的植物》一书中，来拜谒他老师沈从文家乡，在此"与君安坐吃擂茶"。来到凤凰来古城，不吃擂茶，等于未来过一样。

年嚼裹儿

腊月二十三过小年，传统的祭灶节。听老人讲，这一天，人们揭下旧的灶王神像，新买的贴上。灶王神像旁贴上一副对联："上天言好事，下界保平安。"祭灶时摆上鱼、豆沙、瓜果、关东糖，然后烧香磕头，烧掉旧灶神像。

早饭后，母亲的头上扎一块毛巾，怕落灰的物品用旧报纸盖好，然后让孩子们出去。敞开门，清冷的风窜进来。母亲找来笤帚和木棍，拿着麻线绳绑在一起，开始扫屋。花纸糊的顶棚，经过一年，有的地方崩裂；边角挂的灰网清扫干净，这种风俗从祖辈传下。

新年气氛浓了，烟囱冒出黑烟让风吹散。有的人家，在房子背阴处墙上，挂着买来的肉呀鱼呀，既利用天然冰冻，又免得馋猫叼走。那几天没有下雪，西伯利亚的寒流在街头流动，行走的人，嘴里吐出雾似的哈气。他们戴着棉手焐子，拎的篮子装满过年东西，寒冷中的脸上露出笑意。

东北人管过年期间吃的食物称为年嚼裹儿，节前准备很多年干粮，黄米面黏豆包、年糕、白面豆包、江米面豆包、馒头。蒸好的干粮，放在室外冻起来，有些人家的年干粮可吃一冬。过年家家必做油炸的食品——炸豆腐泡，炸刀鱼，炸丸子，炸套环和麻花。来且（方言，客）时随便凑，拼出几个菜。

我家忙着，姊妹四个分工明确，免得吵嘴。我是男孩儿干体力活，那几天灶火不能停，母亲在案板上做馒头。我负责烧水，坐在凳上摇风匣，摇着摇着，心飞向外面——小伙伴们在疯跑，或结伴去买鞭炮。

灶塘里火燃得旺，呼呼作响，不时地往里添煤，感受炽热的辐射。锅台旁边竖个大缸，浸泡酸菜。上面压青石，水面浮着白醭、发酵后鼓的气泡，在东北地区，冬天家家都腌酸菜。水蒸发出热气，母亲的馒头做好了，她在锅里放好帘子，铺上屉布，馒头间隔有序摆好。母亲做的馒头，每个点红点，表示吉祥。母亲盖好木锅盖，又用纱布塞严，怕泄出的气太多。这时加大火力，不停摇风匣。热气透过纱布四溢，我摇出一身汗。屋外传来鞭炮声，热气中弥漫的面香失去诱惑。

盖帘高粱秸编的，蒸好的馒头摆上面，放屋外冻起来。冻好馒头放进缸里，过年招待客人，拿几个在锅里馏，就不用再节日期间忙了。北国的冬天，零下三十多度，不大工夫，冒热气的馒头，外表冻上硬壳。蒸完馒头，烀小豆馅，蒸黏豆包，一天也闲不着的。

我另有任务，下菜窖取菜。我家的院子在屋后，当初建房未设计后门。正常过去，绕很远的路程，每次只好跳窗子。屋后的园子很大，母亲收拾得干净，种了几畦青菜。邻居老丛家有一棵杏树，蓬开的树冠，遮住整个院子，有些枝梢搭过墙，结着指甲盖般大小青杏。摇着芭蕉扇，他一家人在树下纳凉。冬天杏树招来鸟儿，叫个不停。后院的积雪落灰尘，靠墙角的地方，一冬天都见不到阳光。菜窖口盖的草袋子上，压着石块，怕风吹跑。掀开草袋子，一股寒气扑过来。菜窖的砖墙上，结满白色的霜花，我不愿下去。隔院杏树上栖落的鸟儿，不停地唱，扭动小脑袋。

菜窖口竖的圆松木杆梯子，爬上爬下，闻到松脂清香味。我戴好手套，一级级倒着下，窖密封得严实，无风吹动，在里面比外面舒服。角落的沙堆里埋着大萝卜，两旁一层层摞着白菜，每层间垫两根木条，让它们通风透气。不几天就过年了，不用下来拿菜。

生活清苦，每个家庭花一分钱都掂量。过年是孩子们盼望的事——穿新衣服，家家买好吃的，能得到零花钱。在外地的人，三十晚上赶回团圆。日子再难过，母亲给我几块钱，买过年的鞭炮。清脆的鞭炮声，给孩子们带来无尽的欢乐，给家庭送吉祥祝福。我戴着绒毛的帽子，装好钱，快乐地离开家。

接连几天不下雪，人行路后的雪堆脏兮兮、硬邦邦的。风大背过身行走，脸冻得通红。摸兜里钱，怕猛烈的风吹跑。

尽管天寒地冻，寒风肆虐，东市场里的人拥挤。风刮得废纸四处乱飞，杂货铺前挤满人，门堵得严严实实。平时店铺里卖干货，红枣、冻梨、瓜子、核桃、松子和冻柿子。节前卖各种各样的鞭炮。柜台前大多是孩子，我混在里面，在花花绿绿的包装中寻找，买几包称心如意的鞭炮。附近响起震耳的脆响，有几个孩子，等不到年三十儿晚上，没有回家就放起来。空气中弥漫火药味，地上落下炸散的纸屑，刺激孩子们急切的愿望。

冬天天黑得早，人们很少出门。买来的鞭炮撕下包装纸，在炕头摊开，害怕受潮后，鞭炮不响了。风在窗外呼啸，炕烧得热，辗转睡不着，我尝到了失眠滋味。想着将至的年三十儿，兴奋不已。爬下炕，跑到外面的厨房，拿起瓢舀半下水，喝进肚子里，凉水无法压抑燃烧的渴望。

清晨早早醒了，窗玻璃结霜，好似贴的窗花，花纹清晰，精神抖擞爬起来。门和门框冻住，费了好大劲儿推开，院子中的雪积得厚，我从仓房拿出工具铲雪。装到大竹筐里放爬犁上，拉往远处的空地。人们放年假，不用去上班，雪地一片洁白，没有走过的脚印。我拉着爬犁在雪中奔跑，雪不断扑脸上，凉湿湿的，身上落满雪。

倒雪的空地很大，下面是防空洞。原来和小伙伴们常钻下去玩，后来，里面的垃圾越来越多。夏天出现成群的蚊子及各种其他飞虫，人一走近，闻到臭气熏天，无法落脚，也就没有人来了。我把雪倒在一起，几趟积一大堆。

堆雪人是北方孩子冬天的乐趣，大雪天，在街头遇上憨态可掬的雪人。雪下一上午，城市安静，街道覆满雪，这天年三十儿，大人不许孩子出去，大雪中新年来到了。

吃面条情趣

　　梁实秋好吃，他谈的吃，不是字典上的馋字，而是对文化的眷恋、漂泊中的乡愁。梁实秋笔下食物，大多是普通家常菜，文字平淡，述说对故乡的怀念。

　　梁实秋散文充溢人性，展现生活的情趣和兴致。家中常见的面，讲得有滋有味。梁家十几口子人，每顿做面条，和一大堆面，人手又不多，由一位厨子忙。夏天闷热，蝉声阵阵，空气凝滞不动，厨子干的体力活儿，总是打赤膊。案子上堆着揉好的面，他拿起面团，不停搓动，揉成长条状，然后半提空中，面绞着劲儿，拧成麻花状。变形的面条"滴溜溜地转，然后执其两端，上下抖，两臂伸到无可再伸，就把面条折成双股，双股再拉，拉成四股，四股变成八股，一直拉下去，拉到粗细适度为止"。拉面是技术活，不能靠蛮力完成，不是任何人都能拉起来。在拉的过程中，不时摔在干面粉的案子上。面在厨子的手中有了魔力，软软的，纤细的，任凭双手抖动，百依百顺。梁实秋常站在厨房门口，观看抻面绝技，不时喊几声好夸奖功夫，他一听来神了，越抖越狂舞。

梁实秋去过隆福寺街的"灶温"，他家是"小规模的二荤铺"，拉面超一绝。坐在福全馆点一道烧鸭，必须在对面的"灶温"，叫上几碗"一窝丝"，这是吃一次一辈子忘不掉的打卤面。自己家厨子抻面，已经相当不错了，却难以和"灶温"家相比。人和人口味差别，有人愿意吃粗面条，夹起来如同"小指头"。梁实秋在文章中说："本来抻面的妙处就是在于那一口咬劲儿，多少有些韧性，不像切面那样的糟，其原因是抻得久，面的韧性给抻出来了。要吃过水面，将煮熟的面条在冷水或温水里涮一下；要吃锅里挑，就不过水，稍微黏一点，各有风味。面条宁长勿短，如嫌太长可以拦腰切一两刀再下锅。寿面当然是越长越好。"

外面卖的挂面装在包装袋中，有不放心的感觉，面条中有添加剂。我买了一台家庭面条机，机子不大，用起来便利。每次都是妻子的活，我从不插手，有一天，心血来潮动手使用。我揉的面软，第一道工序后，面片上放的干面少，压二道工序，粘在一起。勉强压出面条，放滚开的水中，面条变成坨。受不成功的压面条经历刺激，第二天，又自告奋勇压面条。面和得硬，压出来的面条，钢筋似的口感不好。两次压面的过程，终于掌握和面技巧，压出口感好的面条。

压出好面条面是关键，前一天晚上和好面，拿塑料袋包裹，不透气放冰箱中。清晨拿面压面条，筋道滑爽，口感特殊。自己做面条，有别样的感情，生活就是这样的。

妻子回东北了，我要自己做饭。晚上和一块面，切成三块，塑料袋子包上，放冰箱中，每天早晨上拿一块。煮出面条放一撮紫菜，还有胡椒粉和辣椒油。汤水上，浮着辣椒油和紫菜，增加胃口。一顿好早餐，使人一天精神饱满。

其实面条本身无味，全凭调配得宜。我见识简陋，记得在抗战初年，长沙尚未经过那次大火，在天心阁吃过一碗鸡火面，印象甚深。首先是那碗，大而且深，比别处所谓二海容量还要大些，先声夺人。那碗汤清可见底，表面上没有油星，一抹面条排列整齐，像是美人头上才梳拢好的发蓬，一根不扰。大大的几片火腿鸡脯摆在上面。看这模样就觉得可人，味还差得了？再就是离成都不远的牌坊面，远近驰名，别看那小小一撮面，七八样作料加上去，硬是要得，来往过客就是不饿也能连罄五七碗。我在北碚的时候，有一阵子诗人尹石公做过雅舍的房客，石老是扬州人，也颇喜欢吃面，有一天他对我说："李笠翁《闲情偶寄》有一段话提到汤面深获我心，他说味在汤里而面索然寡味，应该是汤在面里然后面才有味。我照此原则试验已得初步成功，明日再试敬请品尝。"第二天他果然市得小小蹄膀，细火焖烂，用那半锅稠汤下面，把汤耗干为度，蹄膀的精华乃全在面里。

北平人讲究吃炸酱面，梁实秋吃这种面长大。他吃的一定是抻面，后来离家在外漂泊，不会有专门的厨子抻面。摆谱没有了，退而求其次，自己动手做面条，供家人食用。用切面做炸酱面，没听说过。四色菜码，一样少不得，掐菜、黄瓜丝、萝卜缨和芹菜末。二荤铺里所谓"小碗干炸儿"，并不佳，酱多肉太少。梁实秋家里的酱，曾经得过名师指点，酱炸得火候恰好，炒八成熟加茄子丁，摊好的鸡蛋，酱浇面上适宜咸淡。

随缘适意，几个字平常不过，做起来却艰难，这样的人生信念简单，梁实秋经历过人生的沧桑，才大彻大悟。

梁实秋怀念炸酱面，现在的酱不够标准，味道不对，面的质色不对。离开老家北平，炸酱面变味，一听，倒胃口不想吃。"当然面有许多做法，只要做得好，怎样都行。"这就是他的人生观。

我买不到黄酱，试着别的酱代替，味道不行。二〇一八年五月，我逛完王府井书店，在附近的一家餐馆，吃正宗的北京炸酱面。我发现不仅是酱的问题，一些配料也讲究，搭配七八碟菜码，服务员端的姿势都不同，这就是文化。